U0021402

基本的基本

版面設計的基礎思維（增補修訂版）

佐藤直樹（Asyl）著

前言

本書正如其名《基本的基本—版面設計的基礎思維》，主要介紹版面設計基本知識。DTP 普及已有 20 年以上的歷史，以往被尊為專業領域的設計與排版不再遙不可及，今後也會有更多人親手參與相關製作，包括未曾接受過專門教育，但事後察覺自己接觸的是排版設計作業的人。這麼一來，在實作過程中遇到「不確定這樣做好不好？」的情形肯定也會不斷增加，因而促成製作一本在這種情況下可用來當參考書籍的想法。

排版說穿了就是分配布置。那麼配置的基本指的又是什麼？（房間等立體空間擺設也可用「配置」來形容，但在本書指的是紙面、螢幕等平面編排）。

舉例來說，讀者現在正在閱讀的頁面，看起來是不是很舒適？（又或者感覺有點吃力）是什麼因素造成這樣的結果？

所謂「好的」、「美的」版面設計，一般來說，指的是長期以來備受青睞、兼具時代感的混合物。首先，如果不能培養判斷傳統與現代元素的眼力，恐怕也無法適時適地、自由地設計佈局。

市面上有很多介紹排版設計的書，大部分都是馬上切入專業知識（know-how），講述如何熟練地操作電腦軟體，相對地著重於「基本」的書卻意外地少。當然這類操作說明的專業書籍有其必要性，但這不是本書寫作的目的，在這裡你不必擔心應用程式的版本差異。這本書的創作主旨是，介紹排版與設計工作時需要的基本知識。幾年後再翻閱本書，那些知識仍實用而且不可或缺。

增訂版裡添加了決定色彩的相關項目。老練的設計師在經驗磨鍊下或能不加思索地選擇適當的顏色，但色彩是影響作品印象的重要因素，因此有必要重新意識到這一層面。至於其他部分，也以「重新認知」的觀點，就排版的基本，針對必要項目做修改。

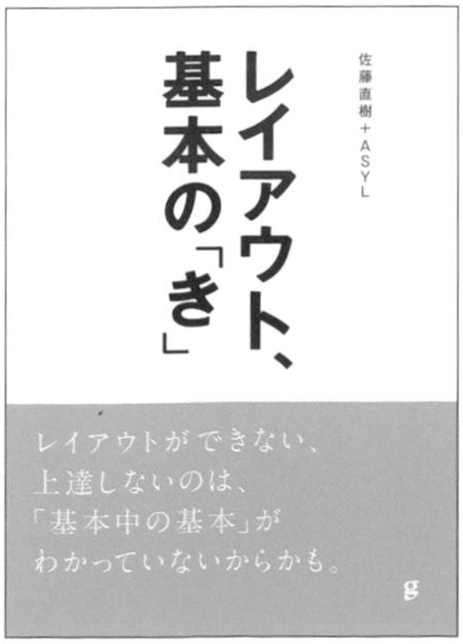

佐藤直樹＋ASYL

レイアウト、
基本の「き」

レイアウトができない、
上達しないのは、
「基本中の基本」が
わかっていないからかも。

g

本書是根據 2012 年 6 月
出版的《基本的基本》（中
文 版 於 2014 年 1 月 出
版），檢閱並加入新項目，
重新編輯而成的增訂版。
關於排版的基本想法以及
說明範例等，均與《基本
的基本》相同。

CHAPTER 3　照片與插圖

CHAPTER 4　圖示、地圖、表格、統計圖表

CHAPTER 5　色彩選擇與配色

CHAPTER 0

觀察排版

進入主題前，
請先看到右頁的黑點 ● 。

黑點的位置是在框架的正中心，對吧？

但真的是這樣嗎？

請再看一次。

其實黑點並不在框架的正中心，
那又是在什麼位置？

再仔細看一下，
試著找出答案。

真正位在中心的是下一頁的圖。

比較 2 張圖之後，
是不是已經看出右頁的黑點
何以不在正中心了。

那麼請翻到下一頁。

感覺如何？有沒有覺得現在看到的黑點（右圖）位置在中間偏下？以數值來說，設在中心的點，不知為什麼看起來就是會稍微偏下。因此，想要達到「看起來置中」的效果時，有經驗的設計師就會把圖的位置稍微上移。

這也證明了「排版優秀」的作品，大多融入類似隨手微調的說法並沒有錯。

本書是以需要著動手做版面設計與編排的所有人為對象——不無論各自這麼做的理由為何。所以，不管讀者是否有設計的經驗，閱讀後，這本書會帶給你「版面設計功力變好了」的實際感受。

即使是經驗老道的專業設計師，應該也能在翻閱後感受到某種程度的變化，因為作者在執筆的時候特別將自身撰稿前後的變化給融入其中。

設計和排版並不特別 ，可以想成是說話和書寫的延伸，當思考不斷地延伸，就會有人創作出異於往常而嶄新的作品。而這也是件讓人興奮的事，就像日常生活中豐富的對話和寫作，帶來「話藝」和文藝的開花一樣。

設計和排版會跟隨時代發展演進，是活著的東西。無意識地觀看像標本一樣的「優良範本」並無法帶給你什麼幫助，一定要「用心觀察」。觀察才是所有的原點，才會發覺「黑點●看起來好像沒有置中」。不「用心觀察」，就不會有「發現的那一刻」。

反過來說，只要用心觀察，誰都能有所察覺。只要發覺到問題就能夠加以修改。比方說明明設定了置中對齊，但看起來就是有點向下偏，那麼就可以稍微向上調整；仍不行的話就再往上調一下；調得過頭了就再調回來。

總而言之，排版是從「用心觀察」開始。

什麼是容易閱讀的排版？

請先瀏覽右頁的文章。看起來是否感覺舒適？平常閱讀的時候也許不會覺得有何不同，但不表示「版面編排沒經過任何加工」，而是有人為了讓讀者能專注其中，**特意讓它看起來舒適無礙。**

這裡頭存在幾個要素，簡單舉例有：

文字（字體、大小、粗細、顏色）
直書／橫書排列
字元間距與字行間隔
每行字數
每頁行數
底色
上下左右的留白

這些都是被精心設計過的。雖然設計師常常會說「這是我設計的」。但要素本身其實是基於過去傳承下來的習慣以及循規則調整的結果，而設計與排版便是存在於要素承先啟後的行為之中。

那麼，右頁的排版又隱含了哪些精心規劃呢？

就算在這裡凝神注視，恐怕也難以看出玄機何在。

請翻到下一頁看看。

「那麼大家知道那個被說成是條大河、像牛奶流過的痕跡，那層淡霧的白色東西到底是什麼呢？」老師指著吊在黑板上，罩著一片黑的星座圖裡像一履輕煙一樣由上而下漂落而下的銀河，問學生們。

康帕內拉舉起手來，接著其他四五個學生也舉高手；喬班尼也想舉手回答，又把手放了下來。那時大家的確都說那是星星，喬班尼也曾在雜誌裡看過同樣的文章，但不知怎麼，當時的喬班尼每天在教室裡也只想睡覺，即使有空可以看個書也沒書可看，感覺好像對什麼事都無法深入了解。

然而老師很早就注意到喬班尼微小的動作。

「喬班尼，你知道答案是什麼吧？」

喬班尼很快地站了起來，瞬間就明白自己無法回答問題。查理在前座轉過頭來看著喬班尼，臉上泛起一陣輕笑。喬班尼荒了手腳臉上一片潮紅。這時老師又說了。

「那麼，康帕內拉。」指名回答。

和難以閱讀的排版做比較，從中學習

看到右頁感覺如何？也許有人喜歡這類設計，認為有種說不上來的「粗獷」感。然而，若幾十、幾百頁盡是相同設計的話，實在不得不說這種選擇很有問題。最近被稱為有**個性**的作品越來越多，這是因為刻板印象的設計過於氾濫，於是人們轉而追求個性化作品後的必然結果。當有個性的作品變得隨處可見時，「型——設計原本指的是什麼」則蕩然無存。

在此，讓我們再重新思考版面設計「原型」的基本要素為何。

文字（字體、大小、粗細、顏色）

對照右頁和上一頁，首先注意到的是字體迥然不同，大小和線條粗細亦有明顯差異。可惜的是，雖然右頁的字體輪廓分明、同質且粗大，並不表示看起來會很舒服。而即便是顏色相同，印象也截然不同。

直書／橫書排列

兩者均為直排，但右頁未能讓人一目了然。

字距與行距

直書或橫書的篇章無法一目了然的原因，與字元間隔（字距）和字行間隔（行距）有很大的關係，尤其「行距過小」對排版來說是個致命傷。

單行長度（行長，又指每行字數）

常聽到一種說法「單行的文字過長會不易閱讀」。其實只要保有充分的行距，便於視線換行，就算是超越某種程度的行長也能保有閱讀的舒適性。

天地左右留白

把文字排滿整個版面，常會有讓人難以閱讀的情況。雖然這麼做可以有效利用空間、達到經濟效益；然而就版面編排來看，這麼做是否合適卻又是另外一回事了。留白的空間應該被視為排版設計的元素之一才對。

「那麼大家知道那個被說成是條大河、像牛奶流過的痕跡，那層淡霧的白色東西到底是什麼呢？」老師指著吊在黑板上的罩著一片黑的星座圖裡像一履輕煙一樣由上而下漂落的星河問勿，學生們舉起手來回答。

康帕內拉舉起了手，接著其他四五個學生也舉高手；那時大家的喬班尼也想舉手，勿促間又把手放了下來。確實，喬班尼也曾在雜誌裡看過同樣的文章，但不知道怎麼說那是星星，即使有空可以看個書，當時的喬班尼每天在教室裡也只想睡覺，什麼事都無法，也沒書可看，感覺好像對什麼事都無法深入了解。

然而老師很早就注意到喬班尼微小的動作。

「喬班尼，你知道答案是什麼吧？」

喬班尼很快地站了起來，瞬間就明白自己無法回答問題。

查理在前座轉過頭來看著喬班尼，臉上泛起一陣輕笑。

喬班尼荒了手腳臉上一片潮紅。這時老師又說了。

「那麼，康帕內拉。」指名回答。

近來常見的標點符號使用方式

市面上發行的報紙、雜誌和書籍等媒體裡刊載的文字和文章，一定都有經過專業的**校閱與修正**。

然而，隨著網路、智慧型手機和廣告傳單的普及，現代人接觸**非經專業編排的文字和文章**的機會比比皆是。這種由一般人產製大量文字資訊的現象可說是**史無前例**，讀者必須先意識到這一點。

這裡所舉的文字和文章，都是指未來會在市面流通的印刷品，至於 SNS 裡以交流為目的的文章則不在此限，可任意編排。但當分散在不同媒體的內容，有機會製作成印刷品時，**最好還是根據一定原則來編輯**。以下舉例幾個看起來怪怪的標點符號使用方式。

近來常見的標點符號用例

句號「。」、頓號「、」與間隔號「‧」是為了單獨使用而設計的符號，連續標示的用法並不在設想範圍內。因此，想用刪節號來表現緘默的時候，應該標示為「……」，而非「、、、」或是「。。。」甚至是「‧‧‧」，這些都**有違文字使用的目的**。

「‧‧‧」看起來雖像刪節號，卻不過是 3 個間隔號的連續排列，擴大解釋成刪節號時，難保不會造成資訊傳達錯誤的情形。再者，用頓號或間隔號的連排來取代刪節號，也會因為字元間距明顯拉寬，影響適讀性而**難以傳達意圖**。

在文中和句末使用「◎」和「☆」等符號也是相同情形。用在 SNS 與朋友交流時沒有問題，但是**以不特定多數人為對象，傳播訊息時，應該要正確了解標號符號的特性，標示使用。**

それは違う、、、と思ったものの、どうしても訂正はできなかった・・・。みんながそう書いているから！違うなんて言ったら〝仲間はずれ〟にされるかもしれない…。それが怖くてなかなか言い出せないのだった。。。話は変わるけど、新しい洋服かわいいね

↓

　それは違う……と思ったものの、どうしても訂正はできなかった……。みんながそう書いているから！　違うなんて言ったら"仲間はずれ"にされるかもしれない……。それが怖くてなかなか言い出せないのだった……。話は変わるけど、新しい洋服かわいいね。

什麼是一目了然的版面設計？

接下來，我們來挑戰稍微複雜一點的排版。右頁是本書宣傳廣告試作品。感覺如何呢？應該有達到「一目了然」的效果吧。

「設計的好壞」，觀感往往因人而異，這裡只針對「排版是否簡單明瞭？還是很難看懂？」加以探究。

上一頁的例子所涵蓋的要素還算單純，卻已經存在很多需要注意的地方。這麼看來，右頁的例子要思考的豈不更多了？

其實也還好。

基本上不出上一頁為止看到的相關應用，比較大的不同在於多了色彩和圖片，而圖的部分只是置入版面，並沒有說要「用畫的」。所以只要思考如何排放才能清楚傳達資訊即可。

至於文字（字體、大小、粗細、顏色）、直書／橫書排列、字距與行距、單行長度（每行字數）、每頁行數、底色和天地左右留白等，也要綜合多個要素的關聯性而非單一性的考量。

只是雙手叉在胸前，天馬行空地思考、翻找書本，是成不了事的。要像一開始提到的，從**「用心觀察」**做起。

請再反覆觀察右圖的排版，<u>直到深刻印入腦海為止</u>。

是否能回想起右頁使用的字體、大小和粗細呢？字距、行距、天地左右以及各要素之間的留白呢？用色是？

デザイナーを目指す人、必見!

発売中

レイアウト、基本の「き」

増補改訂版

レイアウト、基本の「き」

レイアウトが
うまくできないのは、
「基本中の基本」が
わかってないからかも。

g

レイアウトができない、上達しないのは、「基本中の基本」がわかっていないからかも。

今までレイアウトなんて一度もやったことがないのに、急な部署異動で自分で手がけなくてはならなくなった。美大に通っているけど、実際にチラシをレイアウトしてみようと思ったら、どうにもうまくまとまらない。デザイン事務所で働きだしたけど、いつも先輩に「これじゃダメだよ」と言われて、なかなかレイアウトにOKがでない。こんな悩みを持った人に、ぜひとも読んでもらいたいのが『レイアウト基本の「き」』。今までのデザインやレイアウトの入門書とはひと味もふた味も違うレイアウトの本です。

POINT 1 「意識して見る」ことが身に付く

うまくレイアウトができない原因のひとつが、意識的にものを見ていないということ。何を意識して、どんな風にして見ると、レイアウト的な視点からものが見られるのかがわかります。

POINT 2 どうしてそうするかの訳がわかる

なんでタイトルにこうした書体／サイズを設定するのか。どうしてこの写真をここにレイアウトするのか。いいレイアウトには、実はちゃんと訳があるのです。その訳を実践的に解説しています。

本書の星の数は? ｜ レベル：★（超初級）｜ 親切度：★★★★★ ｜ お買い得度：★★★★★

『増補改訂版 レイアウト、基本の「き」』　著者：佐藤直樹（アジール）

仕様：B5判／192ページ／オールカラー／並製　定価：2,300円＋税　発行：グラフィック社（http://www.graphicsha.co.jp）

什麼是難以理解的版面設計？

體驗了「用心觀察」之後，請再看看右頁的排版。

是不是有種很想動手修改許多地方的衝動？

偏好「個性化」設計的人，也許會說「這個設計比較好」，但應該也不至於一口咬定「這絕對是無人能出其右，唯一完美的排版」。

思考「哪些部分要做什麼樣的修改，才能讓整個版面看起來更一目了然，充滿魅力」比什麼都來得重要。

版面設計無法用就是這個或那個來以偏概全，必須拆分個別要素來看。

標題：字型最大，最能吸引目光，但有種散漫無法聚焦的感覺。

（沒有考量字距與行距，「只是把字放上去」，就是這樣的結果。）

副標題：看起來完全沒有「讓人想閱讀」的吸引力。

（換行過於隨意，跟上面兩行一樣，都沒有取適當的字距行距。字體使用也未經斟酌。）

內文：一長串內容沒有區分字距與行距，不但難以閱讀，也搞不懂優先順序為何。

（換行時因視覺混亂而找不到下一行。編排看起來也索然無味。）

特意標註星號（★）卻看不出作用何在。

（用來標示本書等級的星號，應做成突顯差異化的設計）

可以縮小的內容，卻以同樣的字級大小呈現。

（置之不理，完全沒有調整過的狀態）

這張**完全不吸引人拿起來閱讀的廣告傳單**，問題可大了。

想成為設計師的人，必看不可！
「基本的基本—版面設計的基礎思維」發行中。

排版功力不佳、無法上手的原因，可能是因為不了解「基本的基本」。

如果你有這樣的煩惱——從來沒碰過編排設計，突如其來的職位調動，得自己動手做這些事時，雖然是藝術學院出身，試著編排傳單後發現根本完全不是那麼一回事；雖然在設計事務所工作，但老是被前輩指責這樣不行，怎麼也無法在排版這一關獲得前輩的認可——千萬不要錯過「基本的基本—版面設計的基礎思維」，一本有別於其他設計編排的入門書籍，帶你深入設計的根本大法。

Point 1 提升你「用心觀察」的功力
無法做出令人滿意的版面編排，有個原因是「沒有用心觀察」。應該注意些什麼，要怎麼看才能用排版的觀點看出其中的奧祕——在這裡，你會找到答案。

Point 2 了解如何做出版面設計的最佳判斷
為什麼標題要用以這種字體／字型大小來呈現？為什麼圖片要放在這裡？好的排版其實都有理由的。本書用實際例子說明為你解答。

本書評價
級數：★（超初級）
親切度：★★★★★
值得購買度：★★★★★

「基本的基本—版面設計的基礎思維」　作者：佐藤直樹＋ ASYL
規格：B5 ／ 192 頁／全彩印刷／平裝
定價：2,300 日元（未稅）
發行：グラフィック社（Graphic-sha Publishing Co., Ltd）
　　　http://www.graphicsha.co.jp/

可有「其他方法」？

那麼，是否還有其他編排方式可想呢？

總之，能夠確定的是，千萬不要太快就認為「就是這樣！」。只要稍微改變觀點，一定能夠發現更多「其他可行的方法」。看看右頁，跟第 21 頁比較起來，雖是一樣的內容，卻能呈現出大異其趣的編排。

這裡不提哪個才是好設計。

因為設計要思考的層面很廣，光是發送傳單的場所與對象，就足以影響設計理念。

接著看看右頁與第 21 頁的編排，有哪些不同呢？

右頁的設計採用了大量的留白。

相對來說就是縮小整體的文字版面，這是基於「這樣能達到更好的視覺效果」所下的判斷。

明顯不同的是主要使用的字體。

字體風格能帶來不同的視覺感受。

用色的搭配也大相逕庭。

即使商品（書本封面）的顏色相同。

那麼，面對各種不同的選擇，其判斷點為何？如何選擇才好呢？

這就是之後要帶領讀者具體學習的方向。
本書就像一本活字典，每個章節都取材自設計實務經驗。從頭翻閱或是從有興趣的部分做跳躍性閱讀都沒關係。

想成為設計師的人，必看不可！

基本的基本——版面設計的基礎思維

發行中。

排版功力不佳、無法上手的原因，可能是因為不了解「基本的基本」。

如果你有這樣的煩惱——從來沒碰過編排設計，突如其來的職位調動，得自己動手做這些事時，雖然是藝術學院出身，試著編排傳單後發現根本完全不是那麼一回事；雖然在設計事務所工作，但老是被前輩指責這樣不行，怎麼也無法在排版這一關獲得前輩的認可——千萬不要錯過「基本的基本——版面設計的基礎思維」，一本有別於其他設計編排的入門書籍，帶你深入設計的根本大法。

POINT 2
提升你「用心觀察」功力

無法做出令人滿意的版面編排，有個原因是「沒有用心觀察」。應該注意些什麼，要怎麼看才能用排版的觀點看出其中的奧祕——在這裡，你會找到答案。

POINT 1
了解如何做出版面設計的最佳判斷

為什麼標題要用以這種字體／字型大小來呈現？為什麼圖片要放在這裡？好的排版其實都有理由的。本書用實際例子說明為你解答。

本書評價

級　　數：★（超初級）
親 切 度：★★★★★
值得購買度：★★★★★

「基本的基本——版面設計的基礎思維」
作者：佐藤直樹＋ASYL
規格：B5／192頁／全彩印刷／平裝
定價：2,300日元（未稅）
發行：グラフィック社（Graphic-sha Publishing Co., Ltd）
http://www.graphicsha.co.jp/

CHAPTER 1

思考整體結構

1 視覺動線

排版最重要的是「視覺動線」。一般人觀看東西的時候，視線如何流動？又該如何將之應用在排版上呢？

作品想傳達的訊息是什麼？

■看看右圖的排版，它想傳達什麼資訊？就文字吸睛的程度而言，置於版面中央的幾個大字「圖與美與像與術」最醒目。其次為右邊的「美術學校」，接著又跳往左側的「諮詢請洽」，你覺得這是個容易理解的版面嗎？就算說客套話，應該也很難以「真是設計得太好了，一目了然！」來形容吧。

■話說回來，右圖是做什麼用的？——人在接觸到新事物的時候，會像這樣先在腦中建構粗略疑問，等到一定程度的理解目的之後，才會被引導到時間和地點等詳細資訊。然而，右圖的排版就很難讓人理解

佐藤直樹　都築潤
池田晶紀　Magic Kobayashi
小田島等

諮詢請洽

美術學校

校美
講術
座學

圖與美與像與術

http://www.bigakko.jp/

美術學校

由實際從事設計、插畫、攝影、影像拍攝、漫畫等相關工作的講師們帶來跨領域的實踐講座。還有豪華嘉賓參與，時而嚴肅、時而輕鬆地刺激你的創作中樞神經。這樣仍不行的話就放棄這條路吧。

不管將來是否立志從事設計、插畫、攝影或影像拍攝，都可以參加；但不適合登門探尋踏入這些業界捷徑的人，因為我們期許能對「繪畫」「美的意識」「影像」與「技術」作徹底的思考、探究至實踐，部無法知道最後會往哪個方向去。

歡迎有勇氣搭乘這條不知會往哪去，卻意願共同掌舵乘風破浪的學生。不管是誰，只要是對「圖」「美」「像」「術」的其中一項或是全部都有強烈興趣，且願意參與其中的人，都可報名參加。能不像像超光速一樣飛躍性成長，關鍵在於個人的自主性。

就好比樂團活動一般，前提要團員們都能積極參與，從而追求各個成員都有突破框架的表現。

２０１１年度參與來賓：Tanaka Katsuki、Suji 甘金、川島小鳥、長尾謙一郎

其訴求為何。問題在哪？說穿了就是完全沒有考量到「視覺動線」。

視線移動的軌跡

■經過編輯和設計的書裡，常以「Z」形排列橫書的內容。「Z」形正是閱讀時視線跟從文字移動軌跡的簡化表現。

■不論書面或螢幕，版面的編排通常以「面」來呈現。所謂的閱讀，就是視線觀看了由「點」狀文字排成的「線」，逐線的軌跡形成

「面」時，始能獲得資訊。想要像攝影一樣，瞬間捕捉完整畫面，基本上是不太可能的。

■所以，排版是「以線建構成面」的作業，亦即捕捉「點」的視線移動成了「線」，再由「線」集聚成「面」。

■上圖有看沒懂的原因，就在於不

知該把視線置於何處，也就是排版時沒有考慮到「視覺動線」。

■由此可知，注意「視覺動線」是編排版面時不可或缺的一環。

■那麼，在版面裡編排「視覺動線」時應該留意哪些事？

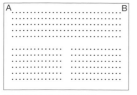

把文字換成點狀標示後的影像

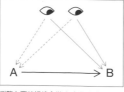

瀏覽左圖時視線會從 A 向 B 移動

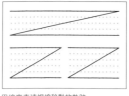

用線來表達視線移動的軌跡

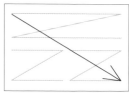

整體而言，視線從左上往右下移動

視覺動線的編排原則

■先來說明編排「視覺動線」的大原則。

■橫排時，動線會由左上往右下移動。直排時，動線則由右上往左下移動。直排與橫排並存時，可擇一做為標準。以上是視覺動線編排的三大原則。

■在橫排的情況下，書冊為「左翻」，因此當讀者翻開頁面時，視線會自然落在左上方，再往右下循序閱讀。

■直排的情況下，書冊為「右翻」。以日文小說來說（中文亦是如此），閱讀時基本上是從右上往左下移動。報紙的話，雖然欄位分割得很細，但整體仍採「右上往左下」的動線設計。

橫書排列

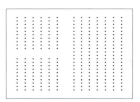

把文字換成點狀標示後的影像

用線來表達視線移動的軌跡

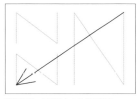

整體而言，視線從右上往左下移動

■採用直排與橫排並存的編排也不在少數，除了雜誌內頁，也常見於海報等單張印刷品。這時只要事先決定好以哪種編排方式為主，就能避免混淆讀者視線的問題。

直書排列

調整後的版面

■ 雖然感受因人而異，但調整後確實變得「好看」多了。在這裡雖以橫排為基礎，但把活動說明做成直排，以避免版面過於單調。穿插直排雖然導致此部分的視線動線改為右上往左下移動，但整體仍以橫排（動線由左上往右下）為主，並不影響閱讀的流暢性。

美術學校講座 **圖與美與像與術**

佐藤直樹　都築潤　池田晶紀
Magic Kobayashi　小田島 等

2011 年度參與來賓　Tanaka Katsuki、Suji 甘金、川島小鳥、長尾謙一郎

不管將來是否立志從事設計、插畫、攝影或影像拍攝，都可來參加；但不適合登門探尋踏入這些業界捷徑的人，因為我們期許能對「繪圖」「美的意識」「影像」與「技術」作徹底的思考、探究並實踐，卻無法知道最後會往哪個方向去。

歡迎有勇氣搭乘這條不知會往哪去，卻意願共同掌舵乘風破浪的學生。不管是誰，只要是對「圖」「美」「像」「術」的其中一項或是全部都有強烈興趣，且願意參與其中的人，都可報名參加。能不能像超光速一樣飛躍性成長，關鍵在於個人的自主性。

就好比樂團活動一般，前提要能團員們都能積極參與，從而追求各個成員都能有突破框架的表現。

由實際從事設計、插畫、攝影、影像拍攝、漫畫等相關工作的講師們帶來跨領域的實踐講座。還有豪華嘉賓參與，時而嚴肅、時而輕鬆地刺激你的創作中樞神經。這樣仍不行的話就放棄這條路吧。

諮詢請洽　http://www.bigakko.jp/

美術學校
● 地　址：郵編 101-0051 東京都千代田區神田神保町 2-20 第 2 富士大樓 3F
● 電　話：03-3262-2529（諮詢時間：13：00～18：00）
● 傳　真：03-3262-6708
● Email：bigakko@tokyo.email.ne.jp

横直排並存的編排範例，這裡以橫排為主。

總 結

■ 橫排的視覺動線為左上往右下。　　■ 直排的視覺動線為右上往左下。
■ 橫直排並存時，可擇一做為編排原則。

重點是價格還是設計？

■ 右圖看起來像是介紹馬克杯新商品的廣告傳單。先來看看其中包含了哪些要素。

① 馬克杯照片

② 廣告標語

③ 價格

④ 內容介紹

在這四個要素裡，圖 A 想要強調的是什麼？首先是③——新商品的優惠「價格」，其次為②——標榜「初登場」的「廣告標語」。圖 B 則利用多張馬克杯照片來強調新商品特色。

■ 就這兩張傳單而言，當店家想以「980 日圓」做為賣點的時候，就應該選「A」；想要全面突顯馬克杯的設計時，選擇就是「B」。因此，從多種要素中設定最想傳達給大眾的「優先順序」，是思考版面設計時不可遺漏的重點。

■ 店家（客戶）之所以要製作廣告傳單，無非是為了銷售新馬克杯，因此設計師也應該要懂得客戶需求，提案像「A」這樣以價格為訴求的版面設計。

A

B

遵守優先順序的版面設計

■不先決定好優先順序，就無法開始作業，這一點除了要跟發包業者（客戶）做好確認，設計師也得懂得從原稿之中理出頭緒。確認好首要傳達的資訊後，就能決定排版的優先順序。那麼，要如何在版面裡表現出「優先性」呢？可以用以下三點來表現。

❶大小
❷位置關係
❸強度（包括顏色、文字粗細、圖片或照片）

以下將同一份傳單的內容做出三種變化。一是把優先程度高的做放大處理，二是把優先程度高的放在顯眼處，三是利用上色、加粗字體等方式來突顯，必要時也可加入照片或圖示。

デザインの引き出し（設計的抽屜 16）
第 1 特輯
【副標題】刺激五感的
【主題】用網版印刷刷出好色！
第 2 特輯
【副標題】至今仍摸不透的
【主題】不透明白色顏料徹底調查
第 3 特輯
【副標題】「跟紙有關的」景點大蒐集！
【主題】日本・紙的旅行

初版限定附贈實體樣本
精采絕倫網版印刷 9 種＋不透明白色顏料樣本 20 張
＋ TOKA VIVA FLASH DX 色卡 12 張＋燙金

此為發包業者提供的文字與圖片原稿。廣告傳單的版面為 A4 橫向，業者同時指示「希望讀者知道本書的特輯內容」。

第 1 特輯　刺激五感的
用網版印刷刷出好色！

第 2 特輯
到目前為止都沒好好認知
究極白色印刷

第 3 特輯
「跟紙有關的」景點大蒐集！
日本・紙的旅行

初版限定附贈實物樣本
Sugoi網版印刷9種＋白色印刷樣本20張
＋TOKA VIVA FLASH DX色卡12張＋燙金

把最想傳達的訊息放大
根據業者要求，最重要的是「突顯特輯內容」，因此我們放大主題文字。雖然看起來感覺生硬，但第一眼就能注意到特輯。

第 1 特輯　刺激五感的
用網版印刷刷出好色！

第 2 特輯

到目前為止都沒好好認知
究極白色印刷

第 3 特輯

「跟紙有關的」景點大蒐集！
日本・紙的旅行

初版限定附贈實物樣本
Sugoi網版印刷9種＋白色印刷樣本20張
＋TOKA VIVA FLASH DX色卡12張＋燙金

把最想傳達的訊息，以變更顏色或加粗字體來增強印象。
根據業者需求，這次把主題換上亮眼的粉紅色，並把文字加粗以增強印象。

第 1 特輯　刺激五感的
用網版印刷
刷出好色！

第 2 特輯

到目前為止都沒好好認知
究極白色印刷

第 3 特輯

「跟紙有關的」景點大蒐集！
日本・紙的旅行

初版限定附贈實物樣本
Sugoi網版印刷9種＋白色印刷樣本20張
＋TOKA VIVA FLASH DX色卡12張＋燙金

綜合所有要素的排版
實際編排廣告傳單版面時，應綜合字級大小與顏色等處理要點，強化最想突
顯，讓人第一眼就能注意到的部分。這次是把特輯主題加粗、放大，同時以
吸睛的粉紅色呈現，達到立即映入眼簾的效果。

總 結

■ 什麼是最想傳達的訊息？　■ 利用①大小②位置關係③強度來呈現優先順序。

3 分割版面

排版是用線建構成面，在決定好填入版面要素的優先順序後，接下來要考量各要素的排放位置，也就是版面的分割方式。

決定好每個要素的排放位置

假設有「主題」、做為主視覺的「圖片」（含說明）以及「本文」等三大要素，版面應如何排放才好？第26頁提到，排版是「用線建構面」的

作業，在這裡可以想成是在「面」裡劃分收納個別要素的「場所」。根據要素的數量分割版面後，就能看出個別要素的大小與彼此的位置關

係。以下到第35頁為止，介紹各種3～6切分版面的分割方式，可配合實際作業，思考何種分割方式可以呈現更好的排版效果。

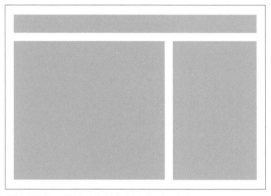

此為上面細長，下面左右不等（左邊較大）的3切分方式。

此為右邊縱長，其餘分成上下幾乎對等的3切分方式。

左右兩個版面均使用相同要素，然而，不同的版面分割，竟呈現出如此不同的印象。

3 切分

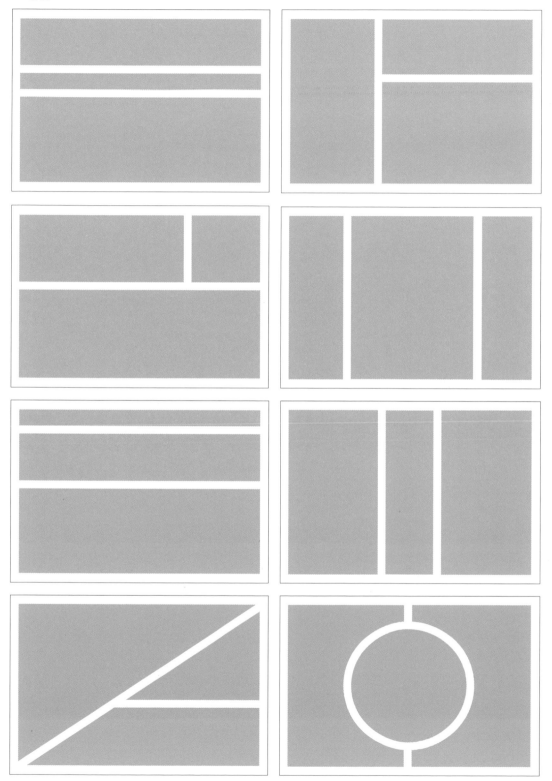

4 切分

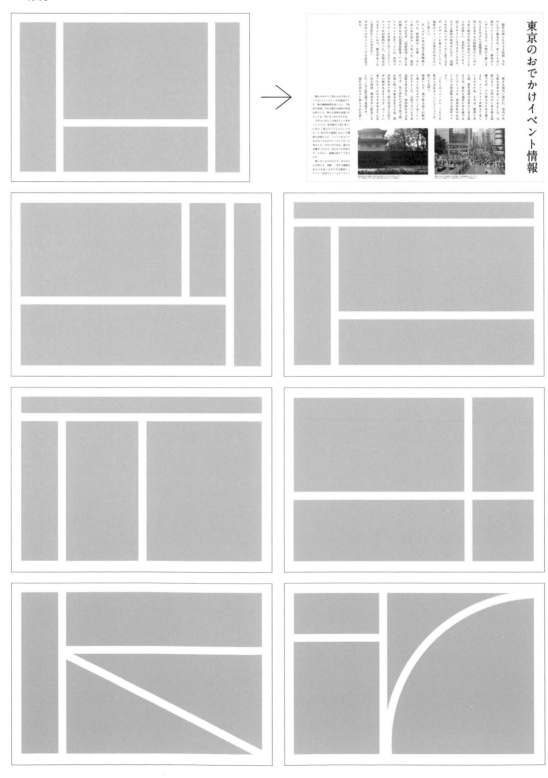

5 切分

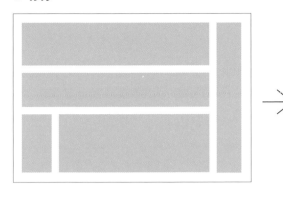

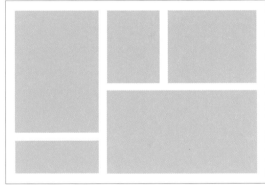

6 切分

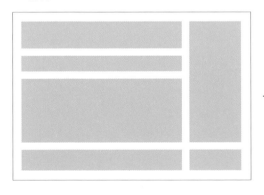

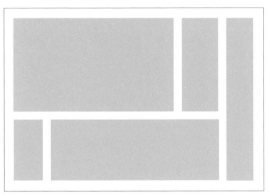

總 結

■ 切分版面之前，需先歸納好要素的數量，並掌握其優先順序。

4 繪製草圖 　使用設計軟體排版前，先試著在白紙上繪出版面草圖。

來練習看看

■ 假設要根據以下條件製作一份廣告傳單，為了歸納所有編排的要素，請先準備好一張跟傳單相同尺寸的紙，在上面繪製草圖。

> **條件**
>
> ・A4 大小（210×297mm），四色印刷的廣告傳單。
> ・取用當地食材與蔬菜的餐廳「アグリファーム キッチン」（Agrifarm
> 　Kitchen）開幕宣傳
> ・廣告標語為「おいしいものは、地元の土から」（美味食材來自故
> 　鄉的土地）。
> ・開業日為 6 月 15 日 (星期五)。
> ・地點在「東京都千代田區九段北 1-14-17」，參考地標是有藤蔓植
> 　物攀綠的粉紅色外牆建築。
> ・店家介紹的文案約 100 字。
> ・有兩個慶祝開業活動介紹各約 60 個字。

NG 的草圖案例

■ 右圖是根據上述條件繪製的草圖，雖然有大致標出主題與照片的位置，但卻無法掌握個別要素所占的版面大小。其中有個看起來像是指示字數的「100w」，這樣的空間，真的能把 100 個字完整放入版面中嗎？像這種草圖，對於實際作業並沒有幫助。

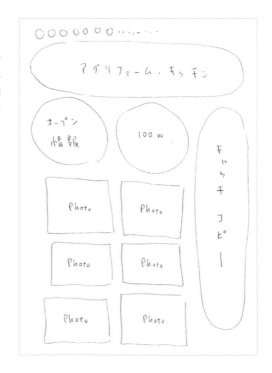

繪製草圖的注意事項

■ 雖然習慣之後就不一定要使用跟與原寸相同的紙張繪圖,但是<u>為了掌握實際的大小比例,建議一開始還是要用與原尺等大的紙張繪圖</u>。

■ 日文字體(從平假名、片假名到漢字)的文字都可看成是個正方形(即字符方塊)。那麼,究竟需要多大的空間才能確保行列中的每個字都能清楚辨識呢?假設要將200字的原稿,排進2平方公分的版面裡,文字勢必縮到很小才行。繪圖時應設想個別要素可能占據的版面大小,這種感覺可以靠經驗累積,熟能生巧。

■ 此外也不能忘記從第26頁起就提到的「視覺動線」和「優先順序」。先決定好動線與順序,再斟酌要素的排放位置和版面大小。本次的練習大致可分成「大標」、「副標」、「文案」與「照片」4個要素,因此分割成4個版面來考量。

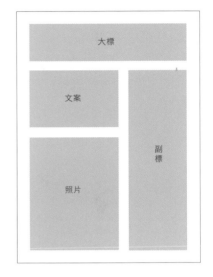

繪圖時最好使用跟原寸大小相同的紙張,便於掌握實際版面比例。除了業者提供的原稿,也可酌情加入其他資訊,讓整體更顯完備。就此例而言,就可將場地資訊放在左下方,並加入地圖方便查找位置,故用虛線暫時保留地圖空間。

總結

■ 為了驗證腦中的想法能夠確實呈現在紙面上,一定要先在紙上手繪草圖。

畫完草圖便可進入實作階段。首先依照草圖排入各個要素，重點不在依圖行事，更要從中找出改善點。

■ 描繪草圖的過程，就等同於要素編排的規劃，因此先根據草圖排放是沒問題的，重點在於排好後，是否能夠忠實呈現草圖的印象？

■ 草圖雖然可以確認版面容納的分量，卻不能保證實際排版後的畫面會與想像中的一模一樣。雖然字體和顏色也會影響版面的印象，但此時先把重點放在空間，檢視各個要素的大小在編排上是否臻於完美。

■ 草圖只是畫出初步輪廓，所以可再試著做些調整。留白（製造空白）便是一種能夠提高版面自由度的有效手法。

■ 文字內容屬於排版的一部分，在編排過程中，適時調整字數增刪文章內容，有時更有助於傳達訊息。

■ 充分的留白能帶來優質的印象，但若想進一步吸引讀者目光，則可做些強調。這裡用的方法是<u>加入框線</u>。

■ 單憑線條粗細的變化，就能大幅改變整體印象，更何況還可透過顏色和圖案達到多元的框線裝飾變化，其選擇幾近無限，但在此階段，還是要先把注意力集中在做好空間分配，這對排版來說是不可忽略的環節。

■ 相同要素也會因編排方式改變印象，可試著調整「留白」與「框線」，找出看起來更有魅力的位置。

■「放大」是強調要素時最普遍的做法，在某些情況下也有其必要性，但在放大處理的時候，<u>需連同要素周邊的空間一併考量</u>。

■ 實際作業時，應參考草圖找出個別要素理想的歸宿。此外，考量其他人在什麼情況下會接觸到印刷成品也是個重點，是要讓人在遠處就能發現，還是要讓人會想隨手取來看等細節，這樣的思考脈絡也要反映在製作過程裡。

總結

■ 草圖提供的是初步印象，實際作業時仍需不斷調整，力求找到更好的排放位置。

6 使用參考線

排版是為了確實傳達資訊,接著來思考如何藉助「參考線」讓版面看起來違和感。

沒有規則的版面設計

■ 請看看到左邊廣告傳單的排版,從標題、本文到圖片似乎都做了符合視覺動線的編排,但愈看是否愈覺得哪裡不對勁?

拉出大框架的參考線

■ 會感覺「怪怪」的人,是否已經看出不對勁的地方呢?此時只要用參考線拉出大框架就能一目了然。原來這個版面裡,<u>標題、內文和圖片說明都沒有經過特別調整(這點很重要),因此產生位置偏差</u>。只要透過參考線來對齊位置,就可以獲得解決這個問題。在此先在每一頁拉出界定邊界的參考線。

拉出更細部的參考線

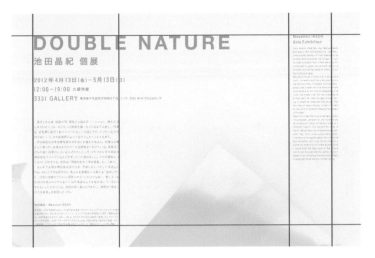

■ 接著在內文與圖片說明的行末處，以及英文內容行首各拉一條參考線，界定文字的版面範圍。

■ 但不表示所有的字都必須要收在參考線圍起的框架裡。譬如大標和副標題雖然超出框架外，但因為開頭和其他文字列，皆是向左對齊，看起來仍井然有序。

移除參考線

■ 利用參考線對齊版面裡的各個要素，調整好位置後就可移除參考線了。跟之前的排版比起來，違和感是不是消失了呢？

■ 必須藉助參考線才能發覺偏差，還真是一件麻煩的事。但重點不在「對齊」這一件事，有些版面想做成整齊排列，但也有些是故意錯開，因此拉參考線的目的在於協助自我察覺「看起來是整齊的」或「看起來是有偏差的」，而非對齊所有要素。

總結

■ 拉參考線有助於確定要素排放的位置。

7 跨頁編排的方式

不同於海報、傳單等單頁設計，雜誌和手冊等出版品，一個體往往橫跨多個頁面。現在就來看看如何處理「多頁面」的版面設計。

橫跨多個頁面的版面設計

取自《デザインのひきだし》（設計的抽屜）

■ 跨頁編排指的是，當一個企劃主題需要橫跨多個頁面時，在保有整體性的前提下，針對各別頁面進行編輯與排版的作業。

■ 這是一本雜誌裡橫跨四頁的專題企劃。上下兩組對開頁的編排方式不同但仍可看出是隸屬同一篇文章。看得出這兩個跨頁，包含了哪些共通點嗎？

■ 最明顯的共通點就是它們的背景使用相同底色，能與其他多為白底的頁面區隔，一看就知道這兩個跨頁隸屬同一主題。

■ 再者，內文同樣採取上下兩欄編排，從內文字體、段落標題的大小與字體，都套用相同樣式，每行文字數也完全一致，就連邊界也取相同留白（頁面周圍不放文字的部分）。

■ 套用相同的樣式，有助強調跨頁編排的連貫性，因此在排版過程中思考哪些部分適合套用樣式，是很重要的。跨頁編排的思考方式，同時也適用於多頁組成的書面和網頁設計，最好把它牢牢地記起來。

哪些項目需要套用樣式？

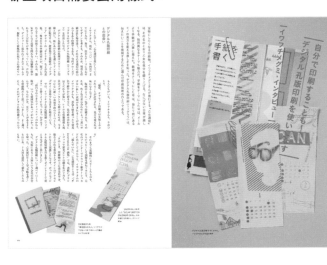

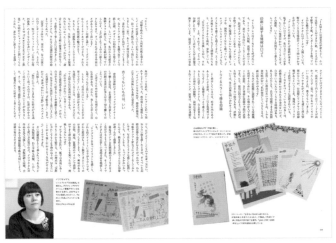

取自《デザインのひきだし》（設計的抽屜）

■ 來看看左邊三組跨頁的案例。這是一本雜誌裡同一個專題的相關頁面。每一頁都使用不同的編排，為何還是可以看出其中的連貫性？

■ 在上一頁提到，同一主題橫跨多頁編排時，應該「套用相同樣式」。那麼，哪些部分應該套用樣式呢？

■ 構成頁面的要素有「邊界」（周邊留白）、「大標」、「內文」、「段落標題」、「圖片說明」、「顏色」以及「其他圖形要素」。其中愈多項目套用相同規則，愈能彰顯頁面之間的連貫性。例如在標題套用相同顏色，或是決定好主色，並在所有頁面裡都用到這個主色。

■ 左邊的三組跨頁之所以能看出隸屬於同一專題的原因在於：一、套用相同主色，包括大標、文案和段標等均以藍色來呈現。二、上面兩組跨頁的內字級大小、每行長度、字體、欄位設定（欄數與欄距）均相同。至於第三組對開頁雖然比較難以判定，但邊界的設定跟其他兩組是相同的，因而可以透過這些共通的設定，了解頁面之間的關聯性。

同時有兩個以上的主題存在時

■同一本印刷品中出現兩個以上的主題時，使用不同的樣式來編排，是很重要的。想在連續頁面裡，透過版面差異突顯主題變化時，就可以參考第42頁提到的「樣式」，藉由套用不同樣式，有效區別切換前後主題的版面效果。

■讓我們以某家企業報刊為範例，開頭是座談會資訊，後為設施介紹，最後是專欄文章等，一共收錄了三種不同性質的主題。

■在這種情況下，應先決定好套用在各主題的樣式要做哪些修改或保留，當然也不排除設計全新樣式的可能性。

■在第43頁提到套用樣式的項目涵蓋了①邊界、②大標、③內文、④段落標題、⑤圖片說明、⑥顏色和⑦其他圖形要素。愈多項目套用相同規則，愈能彰顯頁面之間的連貫性；反之，則愈能強調主題的變化。然而，修改樣式時，也有順序可循，就上述①到⑦項而言，常見的手法為，愈靠近前項（①）者不變，僅藉由更動較後面的項目來突顯變化。

■也就是說，最有效果的是修改「其他圖形要素」。就像換張照片或圖片後很容易就能察覺彼此的不同。其次具有明顯變化的是「顏色」，在維持相同色調的情況下，調整頁面用色也是個不錯的方法。若還想做更多變化，再去調整「大標」、「內文」和「段落標題」的字體與字級大小，最後才是變更「邊界」設定。

同一主題

同一主題

單一主題

在相同主題中求取
差異的做法

■右邊的三則文章隸屬於同一個專題，但每一頁的設計卻有所差異。仔細觀察哪些部分套用了相同的樣式，又各自做了哪些變化。

■這三篇介紹辦公室建築的文章。這三個跨頁排版的共通點在於邊界、大標、內文和段落標題均套用相同樣式。此外，左上方別出心裁的書眉，以及左下方說明辦公室特徵的圖形維持統一的設計，因而呈現一體感。

■變化之處在於「其他圖形要素」與「顏色」。這裡使用了三張照片介紹不同辦公室案例，增添版面變化的印象，並藉由圖形和書眉的顏色，區隔個別案例。

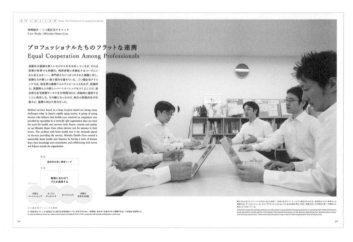

總結

■ 確定整體樣式。　■ 切換主題時也應該套用不同樣式。

8 跟印刷有關的限制

印刷品和網頁各有其輸出的媒介，排版時需掌握不同媒介在輸出上的限制。

出血區

■ 印刷品輸出後基本上會需要經過裁切，為防止裁斷文字或部分圖像，通常會在實際版面外圍設定 3mm 的裁切緩衝區，這個範圍又叫「出血區」，可透過「裁切標記」來確認其位置。裁切標記是印前製程裡用來正確對齊位置的十字記號，實際版面以內 3mm 又稱為內出血線，實際版面外側 3mm 的邊緣則稱外出血線。

■ 由於裁切時，可能會發生裁切誤差的情況，因此通常會把編排的範圍擴大，使其超出實際版面 3mm 的位置。排放文字的時候就要想到，實際版面界線上下左右以外的 3mm 很可能被裁斷，相關圖文便不可放置得過於貼近。

■ 同樣的，在設計圖片和底色時也要設想好可能會發生裁切失準的狀況。通常會把底色和圖片做超出實際版面大小。如果把內容設計成恰好符合版面大小相當時，當裁切向內偏差時，就會留下白邊，向外偏差則會把圖片裁斷。另外，有些人為了辨識版面的實際大小，設計前會先拉好框線；千萬不要忘記，在送件印刷前一定要把框線移除。

騎馬釘裝訂時

■ 騎馬釘指的是將釘子直接釘在書背，對折成冊的裝訂方法。從右圖即可發現，會因為書冊的厚度，形成內外側版面大小的不同。以 A4 大小的書冊來說，中間頁應該會在 210mm 以下，而封面頁則在 210mm 以上。實際拿一本周週刊攤平後測量的長度，中間頁 407mm、封面頁 420mm，最大差距 13mm，因此製作騎馬釘書冊時，必須根據相差值來編排內容。

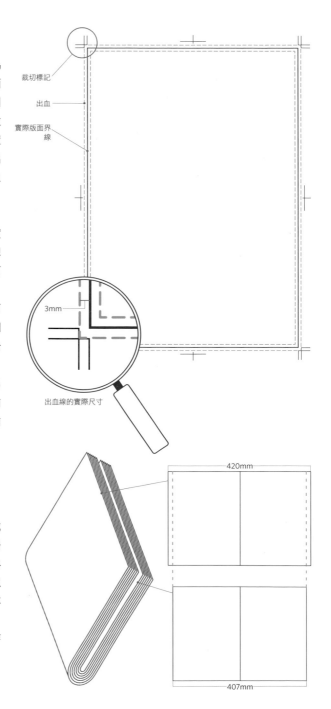

裁切標記
出血
實際版面界線

3mm

出血線的實際尺寸

420mm

407mm

關於裝訂邊吃入的問題

■ 製作書冊時，還必須注意避免像右圖一樣，產生裝訂邊吃入的問題。這會讓書本翻開時無法完全攤平，明明是正面觀看，但視線看向裝訂邊時卻是傾斜的。因此當有圖片跨頁時，裝訂邊的部分要做成左右兩頁部分圖片重疊。

■ 但是應該重疊多少才算適當？舉右上圖的例子而言，從上方平視尺規時，眼睛看見頁面向裝訂邊吃入的水平距離是 3mm（A），但版面上的實際距離則是 6mm（B），A 和 B 的差異值（3mm）這也是圖片應該重疊的長度。

■ 隨著裝訂技術的進步，近年也發展出更多元的裝訂方式，即便是厚厚一層的冊子也能做出翻開後，幾乎完全攤平的狀態。前面所舉不過是其中一種裝訂處理，實際仍應根據裝訂樣本的感覺進行平面編排的微調。

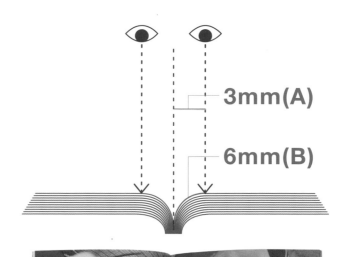

3mm(A)

6mm(B)

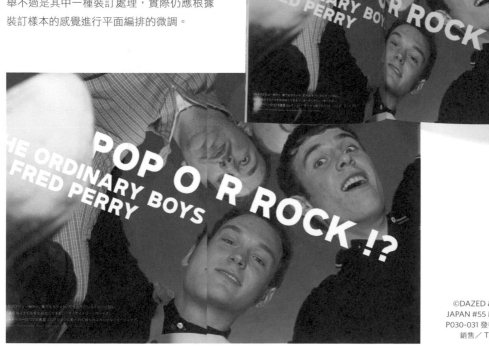

©DAZED & CONFUZED
JAPAN #55 MARCH 2007
P030-031 發行／CAELUM
銷售／TRANS MEDIA

總 結

■ 要注意內側（裝訂側）與外側均須留 3mm 的出血區。外側出血是要裁切掉的，內側則要考慮裝訂邊吃入問題。

CHAPTER 2

關於字體

1

意識文字
的表現

文字是版面設計中不可或缺的一環，其印象甚至可能決定了版面整體的觀感。那麼，文字到底包含了哪些部分？

找找認識的字體

■這個頁面裡擺滿了廣告傳單和書籍等各式各樣的印刷品。首先來看看這些印刷品的「文字」，你是否可以明顯看出字體的不同呢？

■大標和內文在版面裡扮演的角色不同，懂得根據角色，選擇能夠發揮功能的字體，也是排版的重點。

■那麼，這些印刷品的頁面究竟使用了哪些字體呢？

Original

Helvetica Neue
[Bold]

ゴシック MB101
[Bold]

見出しゴ MB31
Original

見出しゴ MB31
＋
Helvetica Neue
[Medium]

Ａ１明朝

ゴシック MB101
[Demi Bold]
＋
LT Univers
[530 Basic Medium]

LT Univers
[630 Basic Bold]

Original

DIN
[Bold]

ちび丸ゴシック
[Demi Bold]

這裡使用了哪些字體？

■ 看看左頁有多少認識的字體？文字有著豐富多元的特徵，牢記才能正確挑選適合的字體。在一些情況下也會需要做文字加工或自創字體。

2 內文字體的選擇方法

認識字體，一開始要先記住「明體」（Mincho）與「黑體」（Gothic）。前者在筆畫收放之中帶有抑揚頓挫，後者的筆畫平直，形體鮮明。

如何挑選內文字體？

明體（明朝體）

■ 內文指的是最希望讀者細讀的文字部分，應該選用什麼樣的字體才能提供舒適的閱讀體驗？

■ 明體的特色在於撇、捺、趯、挑等筆畫的流麗形體，線條橫細縱粗且漢字大、平假名小。風格傳統，且具有平和與踏實的感受，適合引領讀者進入本文內容，經常用於直排的文藝雜誌和書籍。

■ 明體又有傳統（Old style）與現代風格（Modern style）之分。簡單來說，傳統風格字懷（筆畫構成的內側空間）窄小，假名字型也偏小；現代風格字懷寬，看起來也大氣。

■ 以下比較秀英明朝與 Hiragino Mincho 兩種明體。秀英明朝改刻自一百年前的字體，屬於傳統風格。Hiragino 則是有了 DTP 之後才被創造出來的，屬於現代風格。

Shuei Mincho（秀英明朝）

ジョバンニは何べんも眼を拭いながら活字をだんだんひろいました。六時がうってしばらくたったころ、ジョバンニは拾った活字をいっぱいに入れた平た

Hiragino Mincho（ヒラギノ明朝）

ジョバンニは何べんも眼を拭いながら活字をだんだんひろいました。六時がうってしばらくたったころ、ジョバンニは拾った活字をいっぱいに入れた平た

黑體（歌德體）

■ 黑體的筆畫有稜有角且線條均一，跟明體相比，感覺更摩登、充滿精力，且有一種熱鬧的印象。以具代表性的 GothicBBB Medium 和 ShinGo 互做比較，可明顯看出竟有如此大的不同，既使字級大小相同，ShinGo 字懷寬所以看起來也比較大。

■ ShinGo 不論漢字或平假名，字體都接近字符方塊（設計字體時用來規範字型大小的框架，其任一邊就成了標示文字大小的依據）大小，因此從遠處看起來感覺整齊劃一。反之，GothicBBB Medium 的漢字與平假名大小不一，漢字比較容易引人注意。兩種字體各有優缺點，應根據內文目的和特色選擇使用。

Gothic BBB Medium（中ゴシック BBB）

ジョバンニは何べんも眼を拭いながら活字をだんだんひろいました。六時がうってしばらくたったころ、ジョバンニは拾った活字をいっぱいに入れた平た

ShinGo（新ゴ）

ジョバンニは何べんも眼を拭いながら活字をだんだんひろいました。六時がうってしばらくたったころ、ジョバンニは拾った活字をいっぱいに入れた平た

字體觀感

■ 那麼，要如何靈活運用明體與黑體呢？一般認為，直書編排的小說等需要閱讀大量文字者適合用明體，但某些情況下也會特意用黑體，或是像雜誌有時內文會用明體，但專欄卻用黑體。回想上一頁字體的特徵，瀏覽身邊的書報雜誌，是不是覺得，愈需要深入閱讀內容的文章，多用的是明體，而希望流露現代感的部分，即使是長篇文章也使用黑體呢？不論選用哪種字體，如何讓讀者無需意識文字本身又能循編排動線流暢閱讀文章，才是選用字體的重點。

* 日文字體中的兩大基本類型：明朝體（Mincho）和黑體（Gothic）其字型結構接近台港繁體中文字型中的明體和黑體，故本書在編譯時亦約定成俗地使用以上兩種字型進行說明。

朝拜大佛。
～大佛與我～

奈良的大佛和鎌倉大佛自江戶時代前就存在的了，當時並沒有日本三大佛概念的流傳。根據史實，這個概念的形成與普及是在江戶時代之後。一般認為由豐臣秀吉起手建造的京都大佛在江戶初期完成時即流傳有同樣的概念。豐臣秀吉的大佛在慶長元年七月十三日（一五九六年九月五日）因慶長伏見地震在開眼前就倒塌了。

使用明體，看起來安靜踏實。

朝拜大佛。
～大佛與我～

奈良的大佛和鎌倉大佛自江戶時代前就存在的了，當時並沒有日本三大佛概念的流傳。根據史實，這個概念的形成與普及是在江戶時代之後。一般認為由豐臣秀吉起手建造的京都大佛在江戶初期完成時即流傳有同樣的概念。豐臣秀吉的大佛在慶長元年七月十三日（一五九六年九月五日）因慶長伏見地震在開眼前就倒塌了。

使用黑體，第一印象顯得平易近人。

總結

■ 字體有明體和黑體之分，它們各自各有許多變化的字體存在，應根據目的選擇使用。

■ 選用內文字體的重點在於，如何讓讀者能無需意識到文字本身，又能流暢地閱讀。

3 形形色色的字體（明體篇）

流暢帶有柔和印象的明體，種類五花八門，各具特色。以下舉例常見的明體，感受字體的印象差異。

ZEN Old MinchoN M（ZEN オールド明朝 N M）

ジョバンニは何べんも眼を拭いながら活字をだんだんひろいました。六時がうってしばらくたったころ、ジョバンニは拾った活字をいっぱいに入れた平

保有古風的骨架，展現明體傳統極致美學造詣，只要用了這個字體就能彰顯高貴的印象。

Tsukushi A Old Mincho M（筑紫 A オールド明朝 M）

ジョバンニは何べんも眼を拭いながら活字をだんだんひろいました。六時がうってしばらくたったころ、ジョバンニは拾った活字をいっぱいに入れた平

內聚的字懷以及撇、捺、趯、挑等筆畫呈現不可思議的完美線條。自二〇〇八年推出R之後，字體家族更形完備。

Kozuka Mincho M（小塚明朝 M）

ジョバンニは何べんも眼を拭いながら活字をだんだんひろいました。六時がうってしばらくたったころ、ジョバンニは拾った活字をいっぱいに入れた平

由戰後日本開發字體領域裡重要人物之一的小塚昌彥指導製作。特色在於適合廣泛用途的平衡感。

Yu Mincho M（游明朝体 M）

ジョバンニは何べんも眼を拭いながら活字をだんだんひろいました。六時がうってしばらくたったころ、ジョバンニは拾った活字をいっぱいに入れた平

專為單行本和文庫等小說而開發的內文字體。柔和的線條做為標題文字也有不錯的效果。

Hiragino Mincho W3（ヒラギノ明朝体 W3）

ジョバンニは何べんも眼を拭いながら活字をだんだんひろいました。六時がうってしばらくたったころ、ジョバンニは拾った活字をいっぱいに入れた平

字懷取寬、重視平衡感的現代風格明體。常用於主題、段落標題和本文。使用性廣泛。

Ko Cho（光朝）

ジョバンニは何べんも眼を拭いながら活字をだんだんひろいました。六時がうってしばらくたったころ、ジョバンニは拾った活字をいっぱいに入れた平

由引領現代風格設計的田中一光參考歐文字體Bodoni，發揮新構想的字體。極度纖細而銳利的橫向筆畫為其特色。

Tsukushi B Mincho L（筑紫 B 明朝 L）

ジョバンニは何べんも眼を拭いながら活字をだんだんひろいました。六時がうってしばらくたったころ、ジョバンニは拾った活字をいっぱいに入れた平

該字字體結合了筑紫明朝的漢字以及筑紫古典L明朝的假名，專為小說等長篇內文而開發。

Tsukushi Mincho L（筑紫明朝 L）

ジョバンニは何べんも眼を拭いながら活字をだんだんひろいました。六時がうってしばらくたったころ、ジョバンニは拾った活字をいっぱいに入れた平

追求活字與照版排版優點，於二〇〇三年登場的長篇本文專用明體。

Shuei Mincho M（秀英明朝 M）

ジョバンニは何べんも眼を拭いながら活字をだんだんひろいました。六時がうってしばらくたったころ、ジョバンニは拾った活字をいっぱいに入れた平

秀英舍開發的活字，隨著型大小展現多樣風情。此為承襲秀英舍活字特色開發的字體。

Tsukushi C Midashi Min E（筑紫 C 見出ミン E）

ジョバンニは何べんも眼を拭いながら活字をだんだんひろいました。六時がうってしばらくたったころ、ジョバンニは拾った活字をいっぱいに入れた平

傳承了金屬活字時代的運筆方式。字體家族裡A、B、C的漢字相同，但C的英數字設計走傳統風格。

Tsukushi A Midashi Min E（筑紫 A 見出ミン E）

ジョバンニは何べんも眼を拭いながら活字をだんだんひろいました。六時がうってしばらくたったころ、ジョバンニは拾った活字をいっぱいに入れた平

特色在於線條剛硬具楷書風格的假名。是結合傳統活字與現代新意的明體。

Tsukushi C Old Mincho R（筑紫 C オールド明朝 R）

ジョバンニは何べんも眼を拭いながら活字をだんだんひろいました。六時がうってしばらくたったころ、ジョバンニは拾った活字をいっぱいに入れた平

古典中帶新新運筆的字體。圓融的字懷與形體中蘊藏銳利元素與柔緩的運筆。

Shuei Mincho L（秀英明朝L）

ジョバンニは何べんも眼を拭いながら活字をだんだんひろいました。六時がうってしばらくたったころ、ジョバンニは拾った活字をいっぱいに入れた平

出自兩大活字字體之一的秀英舍（現為大日本印刷）之流的明朝體。適用於本文和段落標題。

Iwata Mincho Old（イワタ明朝オールド）

ジョバンニは何べんも眼を拭いながら活字をだんだんひろいました。六時がうってしばらくたったころ、ジョバンニは拾った活字をいっぱいに入れた平

重現金屬活字時代起便用於書籍本文的岩田細明朝。躍動的筆調展現出超越時代的風格。

Ryumin R（リュウミンR）

ジョバンニは何べんも眼を拭いながら活字をだんだんひろいました。六時がうってしばらくたったころ、ジョバンニは拾った活字をいっぱいに入れた平

從DTP黎明期即活躍至今的標準明朝。其中後來又推出的R完成度很高。

Mainichi Newspapers Vincho L（毎日新聞明朝L）

ジョバンニは何べんも眼を拭いながら活字をだんだんひろいました。六時がうってしばらくたったころ、ジョバンニは拾った活字をいっぱいに入れた平

每日新聞社為了報紙內文排版而開發的明體。筆畫填滿字符方塊為其形體特色。

Toppan Bunkyu Mincho R（凸版文久明朝R）

ジョバンニは何べんも眼を拭いながら活字をだんだんひろいました。六時がうってしばらくたったころ、ジョバンニは拾った活字をいっぱいに入れた平

根據一九五六年推出用作金屬活字的凸版字體，配合現行環境，在二〇一二年新開發的字體。

Hon Mincho（Shin Kogana）L（本明朝〈新小かな〉L）

ジョバンニは何べんも眼を拭いながら活字をだんだんひろいました。六時がうってしばらくたったころ、ジョバンニは拾った活字をいっぱいに入れた平

蒼勁中帶圓融，是可讀性很高的明體。假名字體另有「標準假名」「小假名」和「新假名」等。

A1 Mincho（A1明朝）

ジョバンニは何べんも眼を拭いながら活字をだんだんひろいました。六時がうってしばらくたったころ、ジョバンニは拾った活字をいっぱいに入れた平

森澤公司最早推出的傳統風格明體。重現照片排版特有的「囷墨」現象也是受歡迎的原因之一。

Shuei Shogo Mincho（秀英初号明朝）

ジョバンニは何べんも眼を拭いながら活字をだんだんひろいました。六時がうってしばらくたったころ、ジョバンニは拾った活字をいっぱいに入れた平

改編自使用作為段落標題之秀英明朝初號的活字。特色在於貝安定感的骨架。

TB Tsukiji M DE（TB築地 M DE）

ジョバンニは何べんも眼を拭いながら活字をだんだんひろいました。六時がうってしばらくたったころ、ジョバンニは拾った活字をいっぱいに入れた平

將築地體的骨架特色，改做現代風格處理。漢字統一用TB明朝開發。

Midashi Min MA31（見出しミンMA31）

ジョバンニは何べんも眼を拭いながら活字をだんだんひろいました。六時がうってしばらくたったころ、ジョバンニは拾った活字をいっぱいに入れた平

專為段落標題開發的明體。保有漢字與假名字形大小不一的特色，又不顯得突兀。

Shuei 5-go R（秀英5号R）

ジョバンニはなんべんもめをぬぐいながらかつじをだんだんひろいました。ろくじがうってしばらくたったころ、ジョバンニはひろったかつじをいっぱい

該字體是根據風情萬種的秀英明朝體本文字體5號開發字成，帶有築地體的特色。

Yutsuki 36P Kana W3（游築36ポ仮名W3）

ジョバンニはいべんも眼を拭いながら活字をだんだんひろいました。六時がうってしばらくたったころ、ジョバンニは拾った活字をいっぱいに入れた平

根據築地活版製造所36點（point）的明體，開發出可結合Hiragino Mincho 的漢字使用的字體。

總結

■ 明體涵蓋了古典和現代風格五花八門的字體，需視文章內容選擇適合的字體。

4　形形色色的字體（黑體篇）

黑體是為了標題開發的字體。不同於明體，黑體之間字體大小差異懸殊，以下舉例幾個基本字體，可仔細比對其中異趣。

Futo Go B101（太ゴ B101）

ジョバンニは何べんも眼を拭いながら活字をだんだんひろいました。六時がうってしばらくたったころ、ジョバンニは拾った活字をいっぱいに入れた平

保留活字特色的經典黑體，筆畫抑揚頓挫，縱線起筆勁健有勢，但仍保有安定感。

Yu Gothic Shogo Kana E（游ゴシック初号かな E）

ジョバンニは何べんも眼を拭いながら活字をだんだんひろいました。六時がうってしばらくたったころ、ジョバンニは拾った活字をいっぱいに入れた平

結合 Hiragino Kaku Gothic 的漢字設計的字體，每個字表情不一。可橫豎使用。

Yu Gothic M（游ゴシック体 M）

ジョバンニは何べんも眼を拭いながら活字をだんだんひろいました。六時がうってしばらくたったころ、ジョバンニは拾った活字をいっぱいに入れた平

漢字字體懷向內微縮，可確保充裕的空間。簡單俐落的形體極具現代感。

Gothic MB101 R（ゴシック MB101-R）

ジョバンニは何べんも眼を拭いながら活字をだんだんひろいました。六時がうってしばらくたったころ、ジョバンニは拾った活字をいっぱいに入れた平

Gothic MB101 R 系列很常見於主題和段落標題，後來推出的 R 展現纖細的一面，使用性很廣泛。

Hiragino Kaku Go Old W8（ヒラギノ角ゴオールド W8）

ジョバンニは何べんも眼を拭いながら活字をだんだんひろいました。六時がうってしばらくたったころ、ジョバンニは拾った活字をいっぱいに入れた平

結合 Hiragino Kaku Gothic 的漢字以及金屬活字由來假名的 Hiragino 系列新字體。從 W6 到 W8 共有 4 種家族成員。

Hiragino Kaku Gothic W3（ヒラギノ角ゴシック W3）

ジョバンニは何べんも眼を拭いながら活字をだんだんひろいました。六時がうってしばらくたったころ、ジョバンニは拾った活字をいっぱいに入れた平

在螢幕上也常出現，可說是現代最經典的字體，而且字體粗細種類繁多。

Midashi Go MB31（見出ゴ MB31）

ジョバンニは何べんも眼を拭いながら活字をだんだんひろいました。六時がうってしばらくたったころ、ジョバンニは拾った活字をいっぱいに入れた平

縮小的字面設計就變獨一無二，不可思議的表情。僅此一家，別無分號（沒有家族字體）。

Gothic BBB Medium（中ゴシック BBB）

ジョバンニは何べんも眼を拭いながら活字をだんだんひろいました。六時がうってしばらくたったころ、ジョバンニは拾った活字をいっぱいに入れた平

傳統黑體代表，有傑出的適閱性與安定感。最合適用在小字，但最近也放大使用。

Shuei Kaku Gothic Gin L（秀英角ゴシック銀 L）

ジョバンニは何べんも眼を拭いながら活字をだんだんひろいました。六時がうってしばらくたったころ、ジョバンニは拾った活字をいっぱいに入れた平

特色在於小巧的假名設計。適用在本文、做書編排更具效果。展現適中的傳統風範。

Shuei Kaku Gothic Kin M（秀英角ゴシック金 M）

ジョバンニは何べんも眼を拭いながら活字をだんだんひろいました。六時がうってしばらくたったころ、ジョバンニは拾った活字をいっぱいに入れた平

結合秀英明朝的經典黑體。舒展的漢字搭配高尚的假名形體，形成絕妙的平衡感。

Tsukushi Old Gothic B（筑紫オールドゴシック B）

ジョバンニは何べんも眼を拭いながら活字をだんだんひろいました。六時がうってしばらくたったころ、ジョバンニは拾った活字をいっぱいに入れた平

標榜「像是金屬活字時代就已存在」的記念碑字體。突顯設計新思維。

Tsukushi Gothic R（筑紫ゴシック R）

ジョバンニは何べんも眼を拭いながら活字をだんだんひろいました。六時がうってしばらくたったころ、ジョバンニは拾った活字をいっぱいに入れた平

傳統拓展家族之後，現在也生成了固定使用字體之一。特色在於新字體特有的均質性帶來獨特的平衡感。

上排（由右至左）

Mainichi Newspapers Gothic L（毎日新聞ゴシック L）

以報紙印刷為前提的扁平設計，可藉由精巧的編排展現顏具異趣的版面。

ジョバンニは何べんも眼を拭いながら活字をだんだんひろいました。六時がうってしばらくたったころ、ジョバンニは拾った活字をいっぱいに入れた平

Iwata Gothic OLD Light（イワタ細ゴシックオールド）

看似柔若無骨的形體也能因為使用方法得富，製造良好的視覺效果。從纖細到極粗共有6種家族成員。

ジョバンニは何べんも眼を拭いながら活字をだんだんひろいました。六時がうってしばらくたったころ、ジョバンニは拾った活字をいっぱいに入れた平

Kozuka Gothic R（小塚ゴシック R）

ジョバンニは何べんも眼を拭いながら活字をだんだんひろいました。六時がうってしばらくたったころ、ジョバンニは拾った活字をいっぱいに入れた平

TB Gothic (Std Kana) SL（TBゴシック（標準かな）SL）

附屬於 Adobe Photoshop、Illustrator 等經常接觸使用的字體。

簡單不過分主張的元素容易跟其他做搭配，而且字體家族豐富，有9種粗細可選擇。

ジョバンニは何べんも眼を拭いながら活字をだんだんひろいました。六時がうってしばらくたったころ、ジョバンニは拾った活字をいっぱいに入れた平

中排（由右至左）

Maru Antique DB（丸アンチック DB）

小巧柔和又不過分主張的傳統丸黑體假名字體，透露出一股從容的氛圍。

ジョバンニはなんべんもめをぬぐいながらかつじをだんだんひろいました。ろくじがうってしばらくたったころ、ジョバンニはひろったかつじをいっ

Shin Maru Go M（新丸ゴ M）

跟 Shin Go 一樣，填滿字符方塊的形體深具特色。製作日文標識時也可參考使用。

ジョバンニは何べんも眼を拭いながら活字をだんだんひろいました。六時がうってしばらくたったころ、ジョバンニは拾った活字をいっぱいに

Shin Go R（新ゴ R）

該字體強烈受到照片排版時代哥中體（「哥中體」是由中村征宏開發的黑體）影響，具現代風格。填滿字符方塊的形體很適合用來編排工整的版面。

ジョバンニは何べんも眼を拭いながら活字をだんだんひろいました。六時がうってしばらくたったころ、ジョバンニは拾った活字をいっぱいに入れた平

Koburina Gothic W3（こぶりなゴシック W3）

小巧的形體設計，柔和之中保持適度平衡感。可依個人喜好放大使用。

ジョバンニは何べんも眼を拭いながら活字をだんだんひろいました。六時がうってしばらくたったころ、ジョバンニは拾った活字をいっぱいに入れた平

下排（由右至左）

Chibi Maru Gothic R（ちび丸ゴシック R）

可愛的假名設計實在一絕。雖然是二〇一〇年才推出的字體，卻有著懷舊氣息，可根據場合發揮效果。

ジョバンニはなんべんもめをぬぐいながらかつじをだんだんひろいました。ろくじがうってしばらくたったころ、ジョバンニはひろったかつじ

Jun201（じゅん 201）

這是森澤在盛行照片排版的一九七〇年代所開發的圓黑體，流露出令人懷念的昭和時代氣息，卻不易在現代做完善的發揮。

ジョバンニは何べんも眼を拭いながら活字をだんだんひろいました。六時がうってしばらくたったころ、ジョバンニは拾った活字をいっぱいに

Hiragino Maru Gothic W4（ヒラギノ丸ゴシック体 W4）

這款丸黑體展現出有別於 Hiragino Gothic 的獨特印象。跟 Shin Go 和 Jun 比起來字體懷較小。

ジョバンニは何べんも眼を拭いながら活字をだんだんひろいました。六時がうってしばらくたったころ、ジョバンニは拾った活字をいっぱいに

Tsukushi A Maru Gothic E（筑紫 A 丸ゴシック E）

中性的假名設計以及圓融的漢字展現獨特風情。傳統風格的B也深具特色。

ジョバンニは何べんも眼を拭いながら活字をだんだんひろいました。六時がうってしばらくたったころ、ジョバンニは拾った活字をいっぱいに

總結

■ 從小巧到填滿字符方塊的字體設計，讓相同級數的文字看起來有大有小，製造不同的版面印象。因此挑選字體的時候，需觀其印象再做決定。

歐文字體的選擇方法

歐美有著比日文更加豐富的字體種類，因此得先了解字體的概略特徵，再針對文章內容加以選用。

襯線體

■ 襯線（serif）指的是字型筆畫末端裝飾細節的部分，在日文又稱「鬍子」。襯線體是指有襯線的字體，感覺生動活潑。以下介紹四種適合用來增添內文優美氣質的字體，分別是像書法一樣筆畫中帶有抑揚頓挫的義大利字體 Bodoni、法國傳統字體 Garamond、英國報紙印刷字體 Times，以及美國專為雜誌開發使用的字體 Century。除非有特殊考量，只要選用其一肯定能收到預期的效果。

Bodoni

At 30 a man suspects himself a fool; know it at 40, and reforms his plan; At 50 chides his infamous delay, Pushes his purpose to resolve; In all the magnanimity of thought

Garamond

At 30 a man suspects himself a fool; know it at 40, and reforms his plan; At 50 chides his infamous delay, Pushes his purpose to resolve; In all the magnanimity of thought Resolves; and

Times

At 30 a man suspects himself a fool; know it at 40, and reforms his plan; At 50 chides his infamous delay, Pushes his purpose to resolve; In all the magnanimity of thought Resolves;

Century

At 30 a man suspects himself a fool; know it at 40, and reforms his plan; At 50 chides his infamous delay, Pushes his purpose to resolve; In all the magnanimity of thought

無襯線體

■ 無襯線體的英文叫「sans serif」，又可簡稱「sans」，用來指「沒有」裝飾細節（serif）的字體，簡單之中流露出一股現代感，就算距離遙遠仍能清楚辨識，經常用於公共看板。譬如應用性廣、筆畫強勁，受到全球喜愛的 Helvetica、帶有親切圓融印象的 Futura，以及很適合用在內文的 Univers 和 Trade Gothic。

Helvetica

At 30 a man suspects himself a fool; know it at 40, and reforms his plan; At 50 chides his infamous delay, Pushes his purpose to resolve; In all the magnanimity of thought

Futura

At 30 a man suspects himself a fool; know it at 40, and reforms his plan; At 50 chides his infamous delay, Pushes his purpose to resolve; In all the magnanimity

Univers

At 30 a man suspects himself a fool; know it at 40, and reforms his plan; At 50 chides his infamous delay, Pushes his purpose to resolve; In all the

Trade Gothic

At 30 a man suspects himself a fool; know it at 40, and reforms his plan; At 50 chides his infamous delay, Pushes his purpose to resolve; In all the magnanimity of thought

關於字體家族成員

■為了強調文字，而把所有筆畫都加粗，會產生什麼樣的結果呢？結果是字體本身反而被破壞了。想要做成斜體、加寬或縮減字幅（字體寬度）時，其實還有其他不需要動用軟體修改也能直接選用的字型，如 Italic（又或 Oblique）是斜體、Wide（又或 Extended）是加寬字幅，以及縮小字幅的 Condensed。這些家族成員都是根據原本的字體設計而成，能保有原來的特性且不損文章的適讀性。另有個類似 Italic（斜體）的叫 Script，原形來自書寫體，可傳達出文章的流暢感。使用軟體修改字體容易損及文字本身的平衡感，想要在原本的字體做些變化時，最好從家族成員中挑選使用。

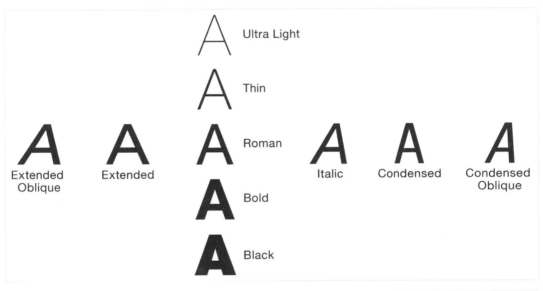

Ultra Light
Thin
Roman
Bold
Black
Extended Oblique
Extended
Italic
Condensed
Condensed Oblique

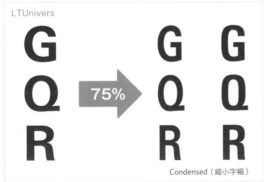

LTUnivers
75%
Condensed（縮小字幅）

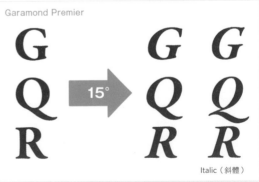

Garamond Premier
15°
Italic（斜體）

總結

■用作內文的歐文字體可分為襯線體和無襯線體，應先理解兩者的特色再選用適合的字體。

■選擇使用於內文的歐文字體時，以這次介紹的字體為主，盡量選用經典的字體。

6 豐富多元的 歐文字體

上一個單元介紹了使用於內文的經典字體，接下來要介紹的是作者到目前為止用過覺得很有效果的設計字體。

襯線體

■ 縱線與橫線的對比愈強列，愈能突顯字體的輪廓；反之則愈柔和。

字體的本質其實很單純，但不管如何，與其追求種類的數量，還不如挑選幾種能熟用的就好。

Baskerville

At 30 a man suspects himself a fool; know it at 40, and reforms his plan; At 50 chides his infamous delay, Pushes his purpose to resolve; In all the magnanimity of thought Resolves; and re-resolves then dies; the same.

Didot

At 30 a man suspects himself a fool; know it at 40, and reforms his plan; At 50 chides his infamous delay, Pushes his purpose to resolve; In all the magnanimity of thought Resolves; and re-resolves then dies; the

Adobe Caslon Pro

At 30 a man suspects himself a fool; know it at 40, and reforms his plan; At 50 chides his infamous delay, Pushes his purpose to resolve; In all the magnanimity of thought Resolves; and re-resolves then dies; the same.

Trajan

AT 30 A MAN SUSPECTS HIMSELF A FOOL; KNOW IT AT 40, AND REFORMS HIS PLAN; AT 50 CHIDES HIS INFAMOUS DELAY, PUSHES HIS PURPOSE TO RESOLVE; IN ALL THE MAGNANIMITY

Sabon Next

At 30 a man suspects himself a fool; know it at 40, and reforms his plan; At 50 chides his infamous delay, Pushes his purpose to resolve; In all the magnanimity of thought Resolves; and re-resolves then dies; the same.

ITC Galliard

At 30 a man suspects himself a fool; know it at 40, and reforms his plan; At 50 chides his infamous delay, Pushes his purpose to resolve; In all the magnanimity of thought Resolves; and re-resolves then dies; the same.

Georgia

At 30 a man suspects himself a fool; know it at 40, and reforms his plan; At 50 chides his infamous delay, Pushes his purpose to resolve; In all the magnanimity of thought Resolves; and re-resolves then dies; the

Newslab

At 30 a man suspects himself a fool; know it at 40, and reforms his plan; At 50 chides his infamous delay, Pushes his purpose to resolve; In all the magnanimity of thought Resolves; and re-resolves then dies; the

無襯線體

■ 和襯線體一樣，字體的本質也很 單純。要排出漂亮的英文版面，捷 徑在於要先找到可以契合的字體； 到處捻花惹草反而讓版面變得眼花 撩亂。

DIN

At 30 a man suspects himself a fool; know it at 40, and reforms his plan; At 50 chides his infamous delay, Pushes his purpose to resolve; In all the magnanimity of thought Resolves; and re-resolves then dies; the

---

Gill Sans

At 30 a man suspects himself a fool; know it at 40, and reforms his plan; At 50 chides his infamous delay, Pushes his purpose to resolve; In all the magnanimity of thought Resolves; and re-resolves then dies; the same.

Frutiger

At 30 a man suspects himself a fool; know it at 40, and reforms his plan; At 50 chides his infamous delay, Pushes his purpose to resolve; In all the magnanimity of thought Resolves; and re-resolves then dies; the

---

Alternate Gothic

At 30 a man suspects himself a fool; know it at 40, and reforms his plan; At 50 chides his infamous delay, Pushes his purpose to resolve; In all the magnanimity of thought Resolves; and re-resolves then dies; the same.At 30 a man suspects himself a fool; know it at 40, and reforms his plan; At 50 chides his

---

Akkurat

At 30 a man suspects himself a fool; know it at 40, and reforms his plan; At 50 chides his infamous delay, Pushes his purpose to resolve; In all the magnanimity of thought Resolves; and re-resolves then dies; the

---

Arial

At 30 a man suspects himself a fool; know it at 40, and reforms his plan; At 50 chides his infamous delay, Pushes his purpose to resolve; In all the magnanimity of thought Resolves; and re-resolves then dies; the

---

Bariol

At 30 a man suspects himself a fool; know it at 40, and reforms his plan; At 50 chides his infamous delay, Pushes his purpose to resolve; In all the magnanimity of thought Resolves; and re-resolves then dies; the same.

Optima

At 30 a man suspects himself a fool; know it at 40, and reforms his plan; At 50 chides his infamous delay, Pushes his purpose to resolve; In all the magnanimity of thought Resolves; and re-resolves then dies; the same.

Gotham Rounded

At 30 a man suspects himself a fool; know it at 40, and reforms his plan; At 50 chides his infamous delay, Pushes his purpose to resolve; In all the magnanimity of thought Resolves; and

---

Myriad Pro

At 30 a man suspects himself a fool; know it at 40, and reforms his plan; At 50 chides his infamous delay, Pushes his purpose to resolve; In all the magnanimity of thought Resolves; and re-resolves then dies; the same.At 30 a

---

藝術字體

■ 再來看看襯線體和無襯線體以外的其他字體。除了打字機用、手寫形態與顯示器用字體等流傳用至今的種類外，隨著 DTP 的普及，新的字體也如雨後春筍般地大量冒出。和日文不同的是，羅馬字母數量少，因此常有新的字體被創造出來。雖然 90 年代後出現了很多免費的日文字體，但多數皆遭淘汰，僅少數沿用至今，可見如果無法靈活應用，選擇再多也是沒有意義的。

Copperplate
AT 30 A MAN SUSPECTS HIMSELF A FOOL; KNOW IT AT 40, AND REFORMS HIS PLAN; AT 50 CHIDES HIS INFAMOUS DELAY, PUSHES HIS PURPOSE TO RESOLVE; IN ALL THE MAGNANIMITY OF THOUGHT RESOLVES; AND RE-RESOLVES THEN DIES; THE SAME.

American Typewriter
At 30 a man suspects himself a fool; know it at 40, and reforms his plan; At 50 chides his infamous delay, Pushes his purpose to resolve; In all the magnanimity of thought Resolves; and re-resolves then dies; the same.At 30 a man suspects himself a fool; know it at

Optima
At 30 a man suspects himself a fool; know it at 40, and reforms his plan; At 50 chides his infamous delay, Pushes his purpose to resolve; In all the magnanimity of thought Resolves; and re-resolves then dies; the same. At 30 a man suspects himself a fool; know it at 40, and reforms his plan; At 50 chides his

Silom
At 30 a man suspects himself a fool; know it at 40, and reforms his plan; At 50 chides his infamous delay, Pushes his purpose to resolve; In all the magnanimity of thought Resolves; and re-resolves then dies; the same.At 30 a man suspects

Snell Roundhand
At 30 a man suspects himself a fool; know it at 40, and reforms his plan; At 50 chides his infamous delay, Pushes his purpose to resolve; In all the magnanimity of thought Resolves; and re-resolves then dies; the same.

Edwardian Script ITC
At 30 a man suspects himself a fool; know it at 40, and reforms his plan; At 50 chides his infamous delay, Pushes his purpose to resolve; In all the magnanimity of thought Resolves; and re-resolves then dies; the same.

總結

■ 縱覽各式各樣的字體，選擇可長期使用者。

7 內文字體的大小

知道如何選擇字體之後，還要懂得掌握內文字型大小的感覺。先理解文字的單位與特徵後，再看多大的字型編排才能令人沒有壓力的閱讀。

級數與點數

■ 文字大小可用級數、點數和公釐等單位來表示。級數的單位符號是「Q」，取自 quarter（四分之一）的首字母，1Q = 0.25mm。指定字距（兩字中心點的距離）、行距和行間的單位（參見第 68 頁説明）

則用 H 來表示，1H = 0.25mm。點數是基於歐美活字單位，但在歐洲和美國，以及進入 DTP 時代之後則有些微的差異，現在日本普遍以 DTP 的點數為主，1P = 1/72 英寸（相當於 0.3527mm）。

國 國 國 國
6Q 12Q 24Q 100Q

哪個看起來比較好？

■ 以下兩個例子是作者在相同的單行本版面裡套用不同字型的結果，

看起來是否感覺不適？<u>過大或過小的內文字體對讀者來說都是壓力。</u>

グスコーブドリは、イーハトーヴの大きな森のなかに生まれました。おとうさんは、グスコーナドリという名

Ryumin R
級數 40Q　行距 60H

グスコーブドリは、イーハトーヴの大きな森のなかに生まれました。おとうさんは、グスコーナドリという名高い木こりで、どんな大きな木でも、まるで赤ん坊を寝かしつけるようにわけなく切ってしまう人でした。ブドリにはねりという妹があって、二人はそこで木いちごの実をとってわき水につけたり、空を向いてかわるがわる山鳩の鳴くまねをしたりいな遠くへも行きました。するとあちらでもこちらでも、ぽう、ぽう、と鳥が観そうに鳴き出すのでした。しました。するとこんどは、もういろいろの鳥が、二人のぱさぱさした頭の上を、まるで挨拶するように鳴きながらざあざあざあおかあさんが、家の前の小さな畑に麦を播いているときは、二人はみちにむしろをしいてすわって、ブリキかんで蘭の花を煮たりあ通りすぎるのでした。ブドリが学校へ行くようになりますと、森はひるの間たいへんさびしくなりました。そのかわりひるすぎには、ブドリはねりといっしょに、森じゅうの木へ行くように、赤い粘土や消し炭で、木の名を書いてあるいたり、高く歌ったりしました。ホップのつるが、両方からのびて、門のようになっている白樺の木には、「カッコウドリ、トオルベカラズ」と書いたりもしました。そして、ブドリは十になり、ねりは七つになりました。ところがどういうわけですか、その年は、お日さまが春から変に白くて、いつもなら雪がとけるとまもなく、まっしろな花をつけるこぶしの木もまるで咲かず、五月になってもたびたび葉がぐしゃぐしゃ降り、七月の末になってもいっこうに暑さが来ないために、去年一播いた麦も稲の入らない白い穂しかできず、たいていの果物も、花が咲いただけで落ちてしまったのでした。そしてとうとう秋になりましたが、やっぱり栗の木は青いからのいがばかりでしたし、みんなでふだんたべるいちばんたいせつなブドリのおとうさんもおかあさんも、一つもできませんでした。野原ではもうひどいさわぎでしたし、冬になってからは何べんも大きな雪が町へ、そりオリザという穀物も、たびたび薪を野原のほうへ持って行ったり、冬になってからは何べんも大きな雪が町へ、そり

Ryumin R
級數 7Q　行距 14H

標準大小為何？

■ 關於內文字體大小要設定為多少才算適當，並沒有一定的答案。一般來說會根據輸出媒體套用不同的設定值，例如<u>單行本大約是13Q</u>、日本常見 A6 大小的<u>文庫本</u>為 12Q，雜誌、型錄和小冊子則<u>在 11Q ～ 13Q 不等</u>。以上仍需要根據印刷品實際尺寸、行距和字距等設定微調，但如果沒有特殊考量的話，應可比照相關設定值，編排出適合閱讀的版面。

* 台灣習慣以「點」（point）做為字級的單位。關於 Q 與點的換算，1Q 約為 0.72 點。
** 日本常見的小型規格平裝書籍，一般尺寸為 A6 規格、105×148 公釐。

單行本（13Q）

グスコーブドリは、イーハトーヴの大きな森のなかに生まれました。おとうさんは、グスコーナドリという名高い木こりで、どんな大きな木でも、まるで赤ん坊を寝かしつけるようにわけなく切ってしまう人でした。

ブドリにはネリという妹があって、二人は毎日森で遊びました。ごしっごしっとおとうさんの木を挽く音が、やっと聞こえるくらいな遠くへも行きました。二人はそこで木いちごの実をとってわき水につけたり、空を向いてかわるがわる山鳩の鳴くまねをしたりしました。すると

あちらでもこちらでも、ぽう、ぽう、と鳥が鳴

Ryumin R 級數 13Q 行距 23H

文庫（12Q）

グスコーブドリは、イーハトーヴの大きな森のなかに生まれました。おとうさんは、グスコーナドリという名高い木こりで、どんな大きな木でも、まるで赤ん坊を寝かしつけるようにわけなく切ってしまう人でした。

ブドリにはネリという妹があって、二人は毎日森で遊びました。ごしっごしっとおとうさんの木を挽く音が、やっと聞こえるくらいな遠くへも行きました。二人はそこで木いちごの実をとってわき水につけたり、空を向いてかわるがわる山鳩の鳴くまねをしたりしました。するとあちらでもこちらでも、ぽう、ぽう、と鳥が眠そうに鳴き出すのでした。

おかあさんが、家の前の小さな畑に麦を播いて

Ryumin R 級數 12Q 行距 21H

雜誌、型錄和小冊子（13Q）

本誌表紙にビーズ印刷をするために、まずは二種類の絵柄にビーズ印刷を施すとどうなるのか、というテストからスタート。

オフセット印刷でCMYK印刷した上からビーズ印刷をしてみたが、元の色よりビーズ印刷加工後の方が、かなり暗く見えることがわかった。これはビーズによって影がに突入。これはビーズは完璧な透明でできること、その影響もあるだろう。はないので、その影響もあるだろう。そこで、きれいなビーズ印刷を実

表紙、ぜら、山忠してもら

い、かつ暗く見えターの布イラストに

Gothic MB101 R 級數 13Q 行距 23H

雜誌、型錄和小冊子（11Q）

本誌表紙にビーズ印刷をするために、まずは二種類の絵柄にビーズ印刷を施すとどうなるのか、というテストからスタート。

オフセット印刷でCMYK印刷した上からビーズ印刷加工後のが、元の色よりビーズ印刷加工後の方が、かなり暗く見えることがわかった。これはビーズによって影がに突入。そのオできること、山忠紙芸にはないので、その影響もあるだろう。そこで、きれいなビーズ印刷を実現するために、二つの方針を固めた。一つはビーズ印刷の下オフセット

印刷は、なるべい、かつ蛍光色刷、一つは、ビーと、そのせいで色に。この方針ターの布川愛子イラストを描いら、山忠紙芸にしてもらった。表紙、ぜひもうださい。

Gothic MB101 R 級數 11Q 行距 20H

64　CHAPTER 2　關於字體

即使是同樣的字級，字體不同時看起來大小也會有差異

■ 上一個單元介紹了一般慣用的內文字級大小，但也不可忽略字體對大小觀感的影響。以下各以 Gothic BBB Medium 11Q 和 ShinGo11Q 編排為例，雖然看起來大小差很多，但從每行字數相同也可印證兩者文字級數是一樣的。再比較 Hiragino Kaku Gothic 和 Iwata Gothic Medium 的排版，雖然字級相同，但看起來大小還是不同，說明了要用「觀感」來決定合適的文字大小，而非執著於「11Q」的設定值。

Gothic BBB Medium（11Q）

本誌表紙にビーズ印刷をするために、まずは二種類の絵柄にビーズ印刷を施すとどうなるのか、というテストからスタート。オフセット印刷でCMYK印刷した上からビーズ印刷をしてみたが、元の色よりビーズ印刷加工後の方が、かなり暗く見えることがわかった。これはビーズによって影ができること、ビーズは完璧な透明ではないので、その影響もあるだろう。そこで、きれいなビーズ印刷を実現するために、二つの方針を固めた。一つはビーズ印フセット印刷は、なるルな色を使い、かつ蛍て刷る。もう一つは、の周りが白いと、そのので、周りは濃い色にの元、イラストレータ子さんにすてきな鳥の描いてもらい、本番印そのオフセット印刷の忠紙芸にてビーズ印刷もらった。こうしてで紙、ぜひもう一度じっ

ShinGo（11Q）

本誌表紙にビーズ印刷をするために、まずは二種類の絵柄にビーズ印刷を施すとどうなるのか、というテストからスタート。オフセット印刷でCMYK印刷した上からビーズ印刷をしてみたが、元の色よりビーズ印刷加工後の方が、かなり暗く見えることがわかった。これはビーズによって影ができること、ビーズは完璧な透明ではないので、その影響もあるだろう。そこで、きれいなビーズ印刷を実現するために、二つの方針を固めた。一つはビーズ印フセット印刷は、なるルな色を使い、かつ蛍て刷る。もう一つは、の周りが白いと、そのので、周りは濃い色にの元、イラストレータ子さんにすてきな鳥の描いてもらい、本番印そのオフセット印刷の忠紙芸にてビーズ印刷もらった。こうしてで紙、ぜひもう一度じっ

Hiraginokaku Gothic（11Q）

本誌表紙にビーズ印刷をするために、まずは二種類の絵柄にビーズ印刷を施すとどうなるのか、というテストからスタート。オフセット印刷でCMYK印刷した上からビーズ印刷をしてみたが、元の色よりビーズ印刷加工後の方が、かなり暗く見えることがわかった。これはビーズによって影ができること、ビーズは完璧な透明ではないので、その影響もあるだろう。そこで、きれいなビーズ印刷を実現するために、二つの方針を固めた。一つはビーズ印フセット印刷は、なるルな色を使い、かつ蛍て刷る。もう一つは、の周りが白いと、そのので、周りは濃い色にの元、イラストレータ子さんにすてきな鳥の描いてもらい、本番印そのオフセット印刷の忠紙芸にてビーズ印刷もらった。こうしてで紙、ぜひもう一度じっ

Iwata Gothic Medium（11Q）

本誌表紙にビーズ印刷をするために、まずは二種類の絵柄にビーズ印刷を施すとどうなるのか、というテストからスタート。オフセット印刷でCMYK印刷した上からビーズ印刷をしてみたが、元の色よりビーズ印刷加工後の方が、かなり暗く見えることがわかった。これはビーズによって影ができること、ビーズは完璧な透明ではないので、その影響もあるだろう。そこで、きれいなビーズ印刷を実現するために、二つの方針を固めた。一つはビーズ印フセット印刷は、なるルな色を使い、かつ蛍て刷る。もう一つは、の周りが白いと、そのので、周りは濃い色にの元、イラストレータ子さんにすてきな鳥の描いてもらい、本番印そのオフセット印刷の忠紙芸にてビーズ印刷もらった。こうしてで紙、ぜひもう一度じっ

調整字形比例

■為了在版面上添加變化，或碰到文字無法全部收入文字框時，調整垂直或水平縮放文字也是處理的方法之一。水平縮放，指的是將文字的左右幅度縮小；垂直縮放，則是將文字的高度降低。以下幾個範例點出了文字的縮放若是調整得當，可提升美感；反之則可能帶來閱讀的不適。當然，字體的種類也會影響文字縮放後的效果，一般來說以 5～15% 的範圍為限，調整過頭也是不好的。

適當調整水平縮放（黑體）

グスコーブドリは、イーハトーヴの大きな森のなかに生まれました。おとうさんは、グスコーナドリという名高い木こりで、どんな大きな木でも、まるで赤ん坊を寝かしつけるようにわけなく切ってしまう人でした。ブドリにはネリという妹があって、二人は毎日森で遊びました。ごしっごしっとおとうさんの木を挽く音が、やっと聞こえるくらいな遠くへも行きました。二人はそこで木いちごの実をとってわき水につけたり、空を向いてかわるがわる山鳩の鳴くまねをしたりしました。するとあちらでもこちらでも、ぽう、ぽう、と鳥が

Gothic MB101 R 級數 13Q 行距 23H 水平縮放 90%

適當調整垂直縮放（黑體）

グスコーブドリは、イーハトーヴの大きな森のなかに生まれました。おとうさんは、グスコーナドリという名高い木こりで、どんな大きな木でも、まるで赤ん坊を寝かしつけるようにわけなく切ってしまう人でした。ブドリにはネリという妹があって、二人は毎日森で遊びました。ごしっごしっとおとうさんの木を挽く音が、やっと聞こえるくらいな遠くへも行きました。二人はそこで木いちごの実をとってわき水につけたり、空を向いてかわるがわる山鳩の鳴くまねをしたりしました。するとあちらでもこちらでも、ぽう、と鳥が眠そうに鳴き出すのでした。

Gothic MB101 R 級數 13Q 行距 23H 垂直縮放 90%

適當調整水平縮放（明體）

グスコーブドリは、イーハトーヴの大きな森のなかに生まれました。おとうさんは、グスコーナドリという名高い木こりで、どんな大きな木でも、まるで赤ん坊を寝かしつけるようにわけなく切ってしまう人でした。ブドリにはネリという妹があって、二人は毎日森で遊びました。ごしっごしっとおとうさんの木を挽く音が、やっと聞こえるくらいな遠くへも行きました。二人はそこで木いちごの実をとってわき水につけたり、空を向いてかわるがわる山鳩の鳴くまねをしたりしました。するとあちらでもこちらでも、ぽう、ぽう、と鳥が眠

Ryumin Regular 級數 13Q 行距 23H 水平縮放 90%

適當調整垂直縮放（明體）

グスコーブドリは、イーハトーヴの大きな森のなかに生まれました。おとうさんは、グスコーナドリという名高い木こりで、どんな大きな木でも、まるで赤ん坊を寝かしつけるようにわけなく切ってしまう人でした。ブドリにはネリという妹があって、二人は毎日森で遊びました。ごしっごしっとおとうさんの木を挽く音が、やっと聞こえるくらいな遠くへも行きました。二人はそこで木いちごの実をとってわき水につけたり、空を向いてかわるがわる山鳩の鳴くまねをしたりしました。するとあちらでもこちらでも、う、ぽう、と鳥が眠そうに鳴き出すのでした。

Ryumin Regular 級數 13Q 行距 23H 垂直縮放 90%

過度水平縮放
影響適閱性的不良示範

グスコーブドリは、イーハトーヴの大きな森のなかに生まれました。おとうさんは、グスコーナドリという名高い木こりで、どんな大きな木でも、まるで赤ん坊を寝かしつけるようにわけなく切ってしまう人でした。

ブドリにはネリという妹があって、二人は毎日森で遊びました。ごしっごしっとおとうさんの木を挽く音が、やっと聞こえるくらいな遠くへも行きました。二人はそこで木いちごの実をとってわき水につけ、それをごちそうにして遊ぶのでした。

空を向いてかわるがわる山鳩の鳴くまねをしました。するとあちらでもこちらでも、ぽう、ぽう、と鳥が眠そうに鳴き出すのでした。

おかあさんが、家の前の小さな畑に麦を播いているときは、二人はみちにむしろをしいてすわって、ブリキかんで蘭の花を煮たりしました。するとこっちの山でも、ぎいちくぎいちく、こいつぐるぐる、こいつぐるぐる、いうふうの鳥が、

Ryumin Regular 級數 13Q 行距 18H 水平縮放 60%

水平縮放又拉寬字元間隔
影響適閱性的不良示範

グスコーブドリは、イーハトーヴの大きな森のなかに生まれました。おとうさんは、グスコーナドリという名高い木こりで、まるで赤ん坊をつけるようにわけなく切ってしまうた。

ブドリにはネリという妹があっては毎日森で遊びました。ごしっごしっとうさんの木を挽く音が、やっと聞くらいな遠くへも行きました。二人で木いちごの実をとってわき水につ空を向いてかわるがわる山鳩の鳴くしたりしました。するとあちらでもでも、ぽう、ぽう、と鳥が眠そうにすのでした。

Ryumin Regular 級數 13Q 行距 18H 水平縮放 60%

過度垂直縮放
影響適閱性的不良示範

グスコーブドリは、イーハトーヴの大きな森のなかに生まれました。おとうさんは、グスコーナドリという名高い木こりで、どんな大きな木でも、まるで赤ん坊を寝かしつけるようにわけなく切ってしまう人でした。

ブドリにはネリという妹があって、二人は毎日森で遊びました。ごしっごしっとおとうさんの木を挽く音が、やっと聞こえるくらいな遠くへも行きました。二人はそこで木いちごの実をとってわき水につけ、空を向いてかわるがわる山鳩の鳴くまねをしました。するとあちらでもこちらでも、ぽう、ぽう、と鳥が眠そうに鳴き出すのでした。

おかあさんが、家の前の小さな畑に麦を播いているときは、二人はみちにむしろをしいてすわって、ブリキかんで蘭の花を煮たりしました。するとこんどは、もういろいろの鳥が、二人のぱさぱさした頭の上を、まるで挨拶するように鳴きながらざあざあざあざあ通りすぎるのでした。

ブドリが学校へ行くようになりますと、森はひるの間たいへんさびしくなるのかわりひるすぎには、ブドリはネリといっしょに、森じゅうの木の幹に、木の名を書いてあるいたり、高く歌ったりしました。

ホップのつるが、両方からのびて、門のようになっている白樺の木には、「ショウガイブン、トンガリヤマ二至ル」とかいてありました。

Ryumin Regular 級數 13Q 行距 18H 垂直縮放 60%

垂直縮放又拉寬字元間隔
影響適閱性的不良示範

グスコーブドリは、イーハトーヴの大きな森のなかに生まれました。おとうさんは、グスコーナドリという名高い木こりで、どんな大きな森のなかに生まれまるで赤ん坊を寝かしつけるようにわけなく切ってしまう人でブドリにはネリという妹があって、二人は毎日森で遊びまごしっとおとうさんの木を挽く音が、やっと聞こえるくらいなきました。二人はそこで木いちごの実をとってわき水につけましました。 二人はそこで木いちごの実をとってわき水につけいてかわるがわる山鳩の鳴くまねをしたりしたりしました。するとあちらでも、ぽう、ぽう、と鳥が眠そうに鳴き出すのでした。

おかあさんが、家の前の小さな畑に麦を播いているときは、にむしろをしいてすわって、ブリキかんで蘭の花を煮たりしとこんどは、もういろいろの鳥が、二人のぱさぱさした頭の上挨拶するように鳴きながらざあざあざあ通りすぎるのでブドリが学校へ行くようになりますと、森はひるの間たいへなりました。そのかわりひるすぎには、ブドリはネリといっしうの木の幹に、赤い粘土や消し炭で、木の名を書いてあるいたこりました。

Ryumin Regular 級數 13Q 行距 18H 垂直縮放 60%

總結

- 仔細評估根據目的而選用的文字大小。
- 注意字體種類會影響文字看起來的大小。
- 記住各種媒體常用的文字大小。

8 行間與行長

除了字體種類與大小之外，內文排版給人的印象也會因行間與行長的設定而不同。

直書還是橫書排列？

■ 先看右圖的範例，因行間過密而讓人搞不懂究竟是直書還是橫書。遇到這種情況，大概也不會想要看了。<u>最適當的行距約是內文字體大小的 1.5～2 倍</u>，以大小 13Q 的本文來說，行距應取 19.5H～26H 左右，但也得視行長而定。

> おとうさんは、グスコーナドリという
> う名高い木こりで、どんな大きな木
> でも、まるで赤ん坊を寝かしつける
> ようにわけなく切ってしまう人でし
> た。 ブドリにはネリという妹があっ
> て、二人は毎日森で遊びました。 ごく
> しっごしっとおとうさんの木を挽く
> 音が、やっと聞こえるくらいな遠く

行間與行距

■ 每行文字之間的間隔可用「行間」或「行距」來指定，單位都用 H 表示，1H ＝ 0.25mm。但這兩者有何不同？「行間」指的是行與行的距離，「行距」是兩行之間文字的距離。舉例來說，右圖的內文級數為 13Q，行間為 6.5H 而行距為 19.5H。

```
┌─ 行間              ──── 19.5H
あいうえおかき
くけこさしすせ      ──── 6.5H
そたちつてとな ◄     ──── 13Q
└─ 行距
```

> グスコーブドリは、イーハトーヴの大きな森のなかに生まれました。おとうさんは、グスコーナドリという名高い木こりで、どんな大きな木でも、まるで赤ん坊

級數 13Q 行距 17H
相對文字級數，行間值過小而形成閱讀障礙。

> グスコーブドリは、イーハトーヴの大きな森のなかに生まれました。おとうさんは、グスコーナドリという名高い木こりで、どんな大

級數 13Q 行距 19.5H
以這樣的行長來說，取文字級數 1.5 倍的行距設定有助於閱讀的流暢性。

> グスコーブドリは、イーハトーヴの大きな森のなかに生まれました。おとうさんは、グスコーナドリという

級數 13Q 行距 26H
行距為文字級數的 2 倍，造成排版過於鬆散。

> グスコーブドリは、イーハトーヴの大きな森のなかに生まれました。おとうさんは、グスコーナドリという名高い木こりで、どんな大きな木でも、まるで赤ん坊を寝かしつけるようにわけなく切って

級數 13Q 行距 17H
就算是直排，以這樣的文字級數來說行間顯得過窄，不容易看清內容。

> グスコーブドリは、イーハトーヴの大きな森のなかに生まれました。おとうさんは、グスコーナドリという名高い木こりで、どんな大きな木でも、まるで

級數 13Q 行距 19.5H
以這樣的行長來說，取 文字級數 1.5 倍的行距設定有助於閱讀的流暢性。

> グスコーブドリは、イーハトーヴの大きな森のなかに生まれました。おとうさんは、グスコーナドリという名高い木こりで、どんな

級數 13Q 行距 26H
行距為文字級數的 2 倍，造成排版過於鬆散。

行間與行長的關係

■最適當的行間需視行長（單行長度）而定，兩者有密不可分的關係。以下三張圖，上圖和中圖的行間值相同，但中圖的行長是上圖的四倍，看起來是不是比較難讀？最下圖將行間稍微調整後，立即改善了不易閱讀的問題。一般來說，行長愈長，愈需要拉開行間以確保適閱性。不妨翻開喜歡的雜誌或書籍，觀察行間與行長的設定。

グスコーブドリは、イーハトーヴの大きな森のなかに生まれました。おとうさんは、グスコーナドリという名高い木こりで、どんな大きな木でも、まるで赤ん坊を寝かしつけるようにわけなく切ってしまう人でした。ブドリにはネリという妹があって、二

Ryumin R 級數 12Q 行距 18H
以 1 行 12 個字簡短的行長來説，該行間設定亦能確保適閱性。

グスコーブドリは、イーハトーヴの大きな森のなかに生まれました。おとうさんは、グスコーナドリという名高い木こりで、どんな大きな木でも、まるで赤ん坊を寝かしつけるようにわけなく切ってしまう人でした。ブドリにはネリという妹があって、二人は毎日森で遊びました。ごしっごしっとおとうさんの木を挽く音が、やっと聞こえるくらいな遠くへも行きました。二人はそこで木いちごの実をとってわき水につけたり、空を向いてかわるがわる山鳩の鳴くまねをしたりしました。するとあちらでもこちらでも、ぽう、ぽう、と鳥が眠そうに鳴

Ryumin R 級數 12Q 行距 18H
但是在 1 行有高達 50 個字的情況下，跟上圖相同的行間取值則有損閱讀的流暢性。

グスコーブドリは、イーハトーヴの大きな森のなかに生まれました。おとうさんは、グスコーナドリという名高い木こりで、どんな大きな木でも、まるで赤ん坊を寝かしつけるようにわけなく切ってしまう人でした。ブドリにはネリという妹があって、二人は毎日森で遊びました。ごしっごしっとおとうさんの木を挽く音が、やっと聞こえるくらいな遠くへも行きました。二人はそこで木いちごの実をとってわき水につけたり、空を向いてかわるがわる山鳩の鳴くまねをしたりしました。するとあちらでもこちらでも、ぽう、ぽう、と鳥が眠そうに鳴き出すのでした。おかあさんが、家の前の小さな畑に麦を播いているときは、二人はみちにむしろをしいてすわって、ブリキかんで蘭の花を煮たりしました。するとこんどは、もういろいろの鳥が、二人のぱさぱさした頭の上

Ryumin R 級數 12Q 行距 24H
文字級數和行長都跟中圖一樣，只是把行距拉成 24H 的情況下，也能確保閱讀的舒適性。

總結

- ■ 行距設定需要取文字大小的 1.5 倍到 2 倍左右。
- ■ 行長愈長，愈需要取較寬的行間才能確保閱讀的舒適性。
- ■ 行間與行長有著密不可分的關係，需一併考量。

9 文字分欄

在頁面中排放長篇內文時，為了確保適讀性，有時也會把版面分成幾個區塊，以「分欄」的方式編排。

欄的個數

■ 如開頭所言，把頁面分成幾個區塊排放內文時，可確保長篇文章的適讀性，這種編排手法就叫做「分欄」。從底下的圖示便可看出，切分的欄位數會影響讀者對文章編排的觀感，因此需要根據版面大小和文章的性質決定欄的個數。而分欄的首要原則，就是各欄的行長必須一致。

左上圖不分欄的編排方式常見於以文字為主體的小說等印刷品，但是該範例的行長有 65 個字之多，跟版面與文字大小並不相視。

右上圖為單行本小說和實用書裡常見的兩欄編排，在雜誌和冊子的本文裡偶爾也會出現這樣的編排方式。

左下圖的三欄編排常見於 A5 和 B5 大小雜誌與書冊的內文部分。

右下圖的五欄編排主要用在 B5、A4 和在此之上的大型雜誌與書冊的內文。

多個文字區塊組合

■ 在同一對開頁裡使用欄位數不等的文字區塊，具有區分文章性質的效果，但同一組文字區塊的分欄數必須相同，以維持文章的連貫性。若是中途變更欄位數，讀者可能會誤以為主題切換了。

多個文字區塊組合的編排注意點

■ 印刷品裡經常可見像上圖一樣，相同頁面裡有大標、副標、內文和圖片說明等多個文字區塊並存的情況。這時，同一文字區塊基本上應套用相同樣式。

■ 例如右圖❺的內文做橫跨對開頁的 2 欄編排，該文字區塊裡的行長（單行文字數）與行間一定要保持一致，就算遇到文字長度超出區塊的情況，也不可選擇性地縮小其中幾行的行間。

■ 同樣地，❼裡三個圖說文字同樣也要遵循字體和大小一致的規定。

但❶～❼分屬不同類別的文字區塊，可套用各自的樣式，以增添頁面的變化。

* 文字框以上下進行分割時，此稱為列，文字框以左右進行分割時則稱為欄。

總　結

■ 分欄編排時應遵守同一性質的文章需套用相同設定的規則。

10 調整字間與字距

好的文章編排不單是排入文字，還要調整「字距」，即相鄰兩字的間距。

先來看看

■ 流暢度是享受文章閱讀的重要因素，就算編排的人不愛爬字，排版時也不能省略閱讀這一層功夫，因為重點在於調整字元間距，以提升適讀性。此前也提過「什麼是看起來沒有壓力的文章」，那就是<u>不會讓讀者意識到文字的排版方式</u>。關於文字的間隔，可視情況透過預設字距、等幅緊縮、等幅加寬，以及縮減字符寬度等四種方式來調整。

以氛圍來呈現故事的世界觀，小女孩漫步在繁花盛開的草原，到底是要去哪裡呢？

卜多力出生於理想國的大森林裡。父親納多力是個很有名的樵夫，不管多高大的樹，在他手裡都會像被哄著入睡的嬰兒一樣，沒有任何抵抗地應聲倒地。

卜多力有個叫內麗的妹妹，兄妹兩每天都在森林裡遊玩，有時跑遠了，幾乎連父親呼魯呼魯的鋸木聲都聽不見。他們會採集黑梅，浸在湧出的山泉裡；也會模仿野鴿交互傳唱的叫聲，這時鳥兒會這裡那裡地傳出好似愛睏的「波～波～」叫聲。

卡多力的母親在家門前的小塊田地裡播種麥

文字間隔（字間）過於寬鬆，影響適讀性的不良示範。
搞不好會有人以為這篇文章是直排。

以氛圍來呈現故事的世界觀，小女孩漫步在繁花盛開的草原，到底是要去哪裡呢？

卜多力出生於理想國的大森林裡。父親納多力是個很有名的樵夫，不管多高大的樹，在他手裡都會像被哄著入睡的嬰兒一樣，沒有任何抵抗地應聲倒地。

卜多力有個叫內麗的妹妹，兄妹兩每天都在森林裡遊玩，有時跑遠了，幾乎連父親呼魯呼魯的鋸木聲都聽不見。他們會採集黑梅，浸在湧出的山泉裡；也會模仿野鴿交互傳唱的叫聲，這時鳥兒會這裡那裡地傳出好似愛睏的「波～波～」叫聲。

卡多力的母親在家門前的小塊田地裡播種麥子時，兄妹兩會在田埂上鋪草蓆而坐，用鐵罐煮蘭花。這時鳥兒又群起飛來，好像是來特地打招呼似地，從兩兄妹毛躁的頭上

跟上圖取相同的行間（行與行的距離），
適當調整文字間隔後大幅提升適讀性。

❶ 預設字距　❷ 等幅緊縮　❸ 等幅加寬　❹ 縮減字符寬度

卜多力出生於理想國的大森林裡。父親納多力是個很有名的樵夫，不管多高大的樹，在他手裡都會像被哄著入睡的嬰兒一樣，沒有任何抵抗地應聲倒地。

卜多力有個叫內麗的妹妹，兄妹兩每天都在森林裡遊玩，有時跑遠了，幾乎連父親呼魯呼魯的鋸木聲都聽不見。他們會採集黑梅，浸在

■ 預設字距

預設字距指的是，把前一個字的中心點到下一個字的中心點距離（字距）設成跟等同字型大小，又或是把相鄰兩字的距離（字間）設為零。市面常見應用軟體的字距一般預設為「零字距」，而這也是一般文字排版慣用的標準。但是字體在設計時，多少會小於字符方塊，因此實際的字型大小跟字符方塊之間便有空隙產生。

卜多力出生於理想國的大森林裡。父親納多力是個很有名的樵夫，不管多高大的樹，在他手裡都會像被哄著入睡的嬰兒一樣，沒有任何抵抗地應聲倒地。

卜多力有個叫內麗的妹妹，兄妹兩每天都在森林裡遊玩，有時跑遠了，幾乎連父親呼魯呼魯的鋸木聲都聽不見。他們會採集黑梅，浸在湧出的

■ 等幅緊縮

此方式指的是，利用縮減字間的方式編排日文文章時，把所有的文字間隔做等幅縮排。例如當本文字體級數為 13Q 而所有字距均設為 12H 時，就表示等幅緊縮 1H。

卜多力出生於理想國的大森林裡。父親納多力是個很有名的樵夫，不管多高大的樹，在他手裡都會像被哄著入睡的嬰兒一樣，沒有任何抵抗地應聲倒地。

卜多力有個叫內麗的妹妹，兄妹兩每天都在森林裡遊玩，有時跑遠了，幾乎連父親呼魯呼魯的鋸木聲都聽不見。他們會採

■ 等幅加寬

跟等幅緊縮的思考方式一樣，只差在把文字間隔做放寬處理，能突顯大標和副標題，達到一目了然的效果，但也因此不適合用在內文等有大量文字需要編排的文字方塊。

卜多力出生於理想國的大森林裡。父親納多力是個很有名的樵夫，不管多高大的樹，在他手裡都會像被哄著入睡的嬰兒一樣，沒有任何抵抗地應聲倒地。

卜多力有個叫內麗的妹妹，兄妹兩每天都在森林裡遊玩，有時跑遠了，幾乎連父親呼魯呼魯的鋸木聲都聽不見。他們會採

■ 縮減字符寬度

藉由調整字符寬度讓字距變得緊湊，又稱「字面縮幅」。遇到歐美語系等字符寬度不一的調和字型（proportional font）時，便需要用此種方式來處理。

---

* 全形字框是指設計字體時用來當作大小基準的框架。字型大小指的是全形字框側邊的尺寸。

直排和長文時，採預設字距編排

■ 具有一定文字量，直書編排的小說和文藝雜誌等尤其重視閱讀的流暢性，若無特殊排版考量，一般採預設字距編排。

這個年齡結婚還太早了。更何況當事人也不想這麼做。因此放暑假理當回家的他特意避開，在東京近郊逗留遊玩。他拿了電報給我看，問我該怎麼辦好。我也不知如何是好，但如果母親真的病了，實在不該堅持應早點回去好，他聽了也只好回去。這下反而留我一個人在這兒。

離開學還有一段時日，留在鎌倉也好，回

預設字距處理可呈現整齊劃一的文字排版，有助於維持一定的閱讀速度。
在文字的正中心用紅點標示後可看出前後左右對齊的狀況。

這個年齡結婚還太早了。更何況當事人也不想這麼做。因此放暑假理當回家的他特意避開。在東京近郊逗留遊玩。他拿了電報給我看，問我該怎麼辦好。我也不知如何是好，但如果母親真的病了，實在不該堅持應早點回去好，但如果母親真的病了，實在不該堅持應早點回去好，他聽了也只好回去。這下反而留我一個人在這兒。

離開學還有一段時日，留在鎌倉也好，回去也可以的我，決定先留在本來下蹋的旅館。

若利用縮減字符寬度的方式編排，因每個字的縮排不等，便會形成不對稱的字元間隔（可從紅點標示看出），不適用於長文編排。

等幅加寬的處理效果

設 計 的 抽 屜

從 事 設 計 的 人 、

發 包 工 作 給 設 計 師 的 人 、

接 受 委 託 執 行 印 刷 和 設 計 加 工 的 人 、

提 供 上 述 對 象 有 所 助 益

設 計 與 技 術 的 相 關 資 訊

■ 左為等幅加寬的編排。這種處理方式雖不適用於長文，卻具有寬鬆的效果，適合突顯目錄或副標題等文字區塊。

文繞圖的特殊編排

日本 80％金牌選手們共同愛好的品牌

1964 年亞洲第一次夏季盛會的奧運在東京舉辦。被稱為「東洋魔女」由大松博文督導所帶領的女子排球隊、宣揚日本「體操王國」的選手們，和舉重的三宅義信選手站上了受獎台。金牌選手們的勇姿，經由當時普及的黑白電視播放傳遍了日本大街小巷。這次的奧運會中獲得金牌的日本選手裡有 8 成是穿 GOLDWIN 製的制服。有愈多的選手們能獲得金牌的期望下，公司名稱由「津澤メリアス製造所（Tsuzawa Melias Manufacturing）」改為「ゴールドウイン（GOLDWIN）」，一年後的奧運會上這個願望成真了。這背後潛在最重要的因素是，確實的製造實力——由社員與運動選手們共同開發。品質實在的 GOLDWIN 在選手圈裡的好口碑也因而傳開。

■ 左圖是利用文字圍繞人物或照片截圖的編排方式，因此每一行的字數（行長）不等，屬於特殊的編排方式。文繞圖時，除了需要縮減字符寬度進行微調，也要注意盡量維持文字排列的均衡與閱讀的節奏。

總 結

■ 調整文字間距時，首重閱讀的韻律感，次為追求整齊排列，並根據用途選擇調整的方法。

11 日歐混排

日歐混排指的是同時出現日文和歐文字母的編排。這兩種文字和記號出自完全不同的文化背景，要怎麼做才能創造均衡的美感呢？

日文和歐文字體的差異

 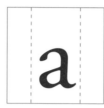 

■左邊上排是日文的平假名、漢字和片假名，下排則是英文字母大寫、小寫與數字。橘色實線圍成的正方形代表日文字體的字符方塊，相較之下，字母和數字的字符寬度明顯小很多。

■編排英文字母的時候可別忘了，大小寫還存在著字高差異的問題。

體驗日歐混排

2010 年から 3331 Arts Chiyoda に移轉し、デザインとアートの新しい関係を探る役割がミッションとして加わりました。移轉前のオフィスは改装し dragged out

2010年から3331 Arts Chiyoda に移轉し、デザインとアートの新しい関係を探る役割がミッションとして加わりました。移轉前のオフィスは改装しdragged

■比較上面兩圖，可立即看出左圖的排版很不協調。問題出在哪呢？原因之一在於日文和歐文字體的筆畫粗細（又稱字重，weight）不同。遇到這種情形時，可以日文字體為基準（視為100%），稍微放大歐文字體和數字即可取得平衡。放大比例可以110%為基準上下調整。

2010❶年から ❷3331 Arts Chiyoda に❸移轉し、デザインとアートの新しい関係を探る役割がミッションとして加わりました。移轉前のオフィスは改装し❹dragged out

❶ 注意文字粗細

❷ 確認高度是否對齊

❸ 確認基線是否對齊

❹ 評估兩種字體的設計風格是否彼此契合

思考日歐字體的組合

2010年から3331 Arts Chiyoda に移転し、デザインとアートの新しい関係を探る役割がミッションとして加わりました。移転前のオフィスは改装しdragged out studioと

左圖是上一頁 NG 案例修改後的結果。在日文字體不變的前提下，改用符合前者設計的歐文字體，並放大到110%，使其對齊日文字體的高度。

■ 在同一文字區塊，編排性質相異的日文與歐文字體時，應該如何挑選彼此搭配性佳的字體呢？以下舉作者常用的幾種組合以及挑選時的重點為例。最重要的是「字體的粗細」（字重，weight），因為日文和歐文的縱線與橫線粗細不同。日歐混排時要優先挑選線條粗細相當的字體。

2010年から3331 Arts Chiyoda に移転し、デザインとアートの新しい関係を探る役割がミッションとして加わりました。移転前のオフィスは改装しdragged out studioとして運営中です。社名に選んだ「アジール」は、制度的な概念にはない「自由領域」を意味

Gothic BBB Medium + Trade Gothic（放大到107％）

2010年から3331Arts Chiyoda に移転し、デザインとアートの新しい関係を探る役割がミッションとして加わりました。移転前のオフィスは改装しdragged out studioとして運営中です。社名に選んだ「アジール」は、制度的な概念にはない「自由領域」を意味する言葉で

ShinGo M + LT Univers Basic Medium（放大到113％）

2010年から3331 Arts Chiyoda に移転し、デザインとアートの新しい関係を探る役割がミッションとして加わりました。移転前のオフィスは改装しdragged out studioとして運営中です。社名に選んだ「アジール」は、制度的な概念にはない「自由領域」を意味

Ryumin M-KL + Adobe Garamond Pro R（放大到118％）

2010年から3331 Arts Chiyoda に移転し、デザインとアートの新しい関係を探る役割がミッションとして加わりました。移転前のオフィスは改装しdragged out studioとして運営中です。社名に選んだ「アジール」は、制度的な概念にはない「自由領域」を意味

Hiragino Mincho W5 + Bodoni BE Light（放大到115％）

調合日歐字體的比例

■ 選好日歐字體之後，還要進行字級大小比例的微調，才能進一步提升文章的適讀性。日歐字體的大小明顯不同，同一級數的歐文多半小於日文，故須放大才能達到平衡。

■ 字體的比例調整不僅適用於日歐混排的情況，使用「從屬歐文字型」時也需要做相關處理。所謂的從屬歐文字型，是指日文字體裡涵蓋的歐文字型，也就是套用日文字型時所顯示的歐文與數字。雖然調整的幅度微不足道，卻能讓整體看起來更自然。

2010 年から 3331 Arts Chiyoda に移転し、デザインとアートの新しい関係を探る役割がミッションとして加わりました。移転前のオフィスは改装し dragged out

→

2010年から3331 Arts Chiyoda に移転し、デザインとアートの新しい関係を探る役割がミッションとして加わりました。移転前のオフィスは改装しdragged

日文：Ryumin M-KL 20Q
歐文：Adobe Garamond Regular 20Q
未調整字型大小的結果看起來不協調，但究竟是哪個點未取得平衡？

把歐文字體的高度和寬度放大到118％之後的結果。調整時應注意，大寫字母和漢字的高度需對齊文字本身的實際高度（而非字符方塊的高度）。

2010年から3331 Arts Chiyoda に移転し、デザインとアートの新しい関係を探る役割がミッションとして加わりました。移転前のオフィスは改装しdragged

→

2010年から3331 Arts Chiyoda に移転し、デザインとアートの新しい関係を探る役割がミッションとして加わりました。移転前のオフィスは改装しdragged

日文：Gothic BBB Medium 20Q
歐文：Trade Gothic Medium 20Q
未調整字型大小的編排結果。

把歐文字體的高度和寬度放大107％之後，感覺變協調了。

調整字級大小後，別忘了檢查字體線條粗細

■ 選定字體，調整好字級大小後，仍不免出現像右下圖一樣歐文字體看起特別粗的情形。為避免類似情況發生，一開始就應該要選用線條比較細的歐文字體，以避免調整好放大比例後，筆畫粗細卻不整齊。

字形大小均為 95 級

98 級　　　119 級　　　95 級

半形與全形的英數字

■ 日歐混排時好不容易把字體大小和線條都對齊了，怎麼看起來還是感覺哪裡不對勁？這時就要檢查英數字的部分，是不是沒有套用到歐文字體。當全形與半形的英數字混合使用時，全形的文字會自動套用日文字體，半形則會套用歐文字體。

■ 一般來說，編排時通常不會混合使用全形和半形的歐文，基本上半形的歐文看起來會比較好看。但如果一定要在某些地方套用全形時，得先做好明確規範。

２０１０年から３３３１Ａｒｔｓ　Ｃｈｉｙｏｄａに移転しました。移転前のオフィスは改装しｄｒａｇｇｅｄ　ｏｕｔ　ｓｔｕｄｉｏとして運営中です。

→

2010年から3331 Arts Chiyoda に移転しました。移転前のオフィスは改装しdragged out studio として運営中です。

Ryumin Pro M-KL
數字和字母均設為全形，不僅拉開字元間隔，看起來也不協調。

Ryumin Pro M-KL ＋ Times New Roman
數字與歐文改為半形，並套用歐文字體，調整字級大小。

２０１０年から３３３１Ａｒｔｓ　Ｃｈｉｙｏｄａに移転しました。移転前のオフィスは改装しｄｒａｇｇｅｄ　ｏｕｔ　ｓｔｕｄｉｏとして運営中です。

→

2010年から3331 Arts Chiyoda に移転しました。移転前のオフィスは改装しdragged out studio として運営中です。

FutoGo B101
和上圖一樣，數字和英文字母均為全形，不僅拉開字元間隔，看起來也不協調。

FutoGo B101 ＋ Helvetica Regular
數字與歐文改為半形，並套用歐文字體，調整字級大小。

２０１０年から３３３１Ａｒｔｓ　Ｃｈｉｙｏｄａに移転しました。移転前のオフィスは改装しｄｒａｇｇｅｄ　ｏｕｔ　ｓｔｕｄｉｏとして運営中です。

→

2010年から3331 Arts Chiyoda に移転しました。移転前のオフィスは改装しdragged out studioとして運営中です。

ShinGo R
跟上面的例子一樣，字元間隔過寬缺乏平衡感。雖然看似使用全形的英數字，但其實是半形，這是因為 ShinGo 的英數半形跟日文一樣，字懷做得比較寬。

ShinGo R
這次反過來把英數字改成全形，並緊縮字元間隔。請看數字的部分，是不是更融入整體了呢？全形也好，半形也好，重點是要選用契合版面編排的設計。

總結

■ 日歐混排時應選用彼此接近的字體。
■ 調整文字版面時，別忘了檢查字級大小與筆畫粗細。

12 標點符號的處理方式

就日文文章而言，除了平假名和漢字，也常會用到句號、逗號、括號和冒號等標點符號。以下介紹這些符號的使用規則與注意事項。

標點符號

■ 在一篇完整的文章裡，除了平假名、片假名、漢字、數字和英文字母等，往往還包括「」（引號）和、（頓號，也是日文的逗號）以及下列各種標點符號。編排時應先制定符號的使用規則。

（）［］｛｝『』「」〈〉【】" "、。
……・！？：；＃＊％※／―＠

きっと、来る。きっと。そう思った颯太はすかさずダッシュをして走り出した。海岸沿いの道路から見える海は、白い波の花がたち、いつもの優しい凪いだ風景とはちがっていた。
「『ちがう』って、ばあちゃんはいっとった。だから絶対に『ちがう』！」
さっき裕也に言われたことが、颯太の頭の中をぐるぐるとめぐって、いつまでたってもその言葉は出て行ってくれない。ど、どうして？どうしてなんだ……。ダッシュはすぐに辛くなり、颯太は次第に足がゆっくりと動くようになり、仕舞いには（どろぼう亭）と書かれた扉の前で立ち止まってしまった。
「……あれ？　こんな店、いままであったかな？」
そのドアの横にある、大きな窓ガラスを覗いてみると、そこにはたくさんの本が。本棚には『ディケンの冒険』『少年探偵海を渡る』といった、颯太の大好きな本がたくさんある。特に「あれは読みたいな」と颯太の心を振るわせたのが、『ヨットで七つの海を』だ。あれだけは「どうしても」読んでみたい。
（ちょっとなら大丈夫だよね）そう心の中で思った颯太は、ドアをそっと押してみる。するとどうだろう。ドアはスーッと空いて、中からひんやりした空気が出てくる。

→

きっと、来る。きっと。そう思った颯太はすかさずダッシュをして走り出した。海岸沿いの道路から見える海は、白い波の花がたち、いつもの優しい凪いだ風景とはちがっていた。
「『ちがう』って、ばあちゃんはいっとった。だから絶対に『ちがう』！」
さっき裕也に言われたことが、颯太の頭の中をぐるぐるとめぐって、いつまでたってもその言葉は出て行ってくれない。ど、どうして？どうしてなんだ……。ダッシュはすぐに辛くなり、颯太は次第に足がゆっくりと動くようになり、仕舞いには（どろぼう亭）と書かれた扉の前で立ち止まってしまった。
「……あれ？こんな店、いままであったかな？」
そのドアの横にある、大きな窓ガラスを覗いてみると、そこにはたくさんの本が。本棚には『ディケンの冒険』『少年探偵海を渡る』といった、颯太の大好きな本がたくさんある。特に「あれは読みたいな」と颯太の心を振るわせたのが、『ヨットで七つの海を』だ。あれだけは「どうしても」読んでみたい。
（ちょっとなら大丈夫だよね）そう心の中で思った颯太は、ドアをそっと押してみる。するとどうだろう。ドアはスーッと空いて、中からひんやりした空気が出てくる。

標點符號使用注意事項

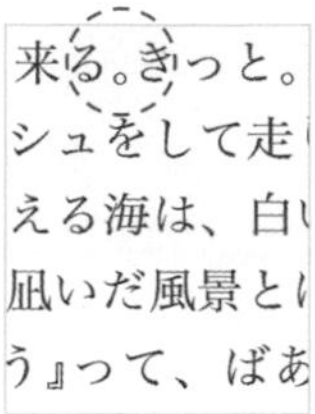

❶ 同一篇文章的標點符號編排方式需統一

標點符號之後基本要空半個全形（現在電腦會自動做此處理），但也可以基於特殊考量而取消空格，唯同一篇文章裡所有的標點符號都要套用相同處理方式。

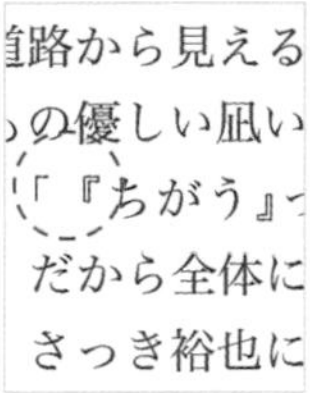

❷ 連續兩個左括號時，要以預設字距處理

連續出現兩個以上的標點符號時，基本上不留空格。以左圖為例，在單引號與雙引號之間空了一個半形，需做預設字距處理（壓縮半形）。

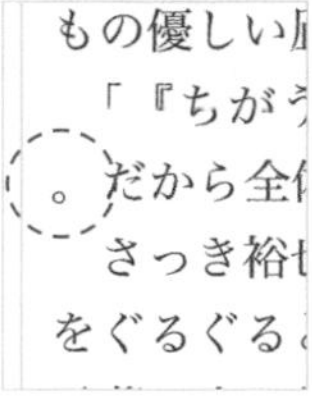

❸ 禁止出現在行首的符號／文字

以下是一般禁止出現在行首的符號，但只要做好規定並套用到整篇文章，即便日文的拗促音或以下列舉的符號便能豁免相關限制。當行首出現禁止使用的符號時，可將前面的文章做緊縮字句處理，使其回到上一行末端。

標點符號	、、。‥：；？！
串接記號	―（破折號 dash）…　→←↑↓　ー（長音）-（連字號 Hyphen）等
重複記號	ゝゞ（平假名用重複記號）ヽヾ（片假名用重複記號）々（漢字用的重複記號）
括號標記	）」〕｝】等
單位標記	％、kg、cm 等
拗促音類	ぁぃぅぇぉゃゅょゎんァィゥェォッャュョ　ヮヶン

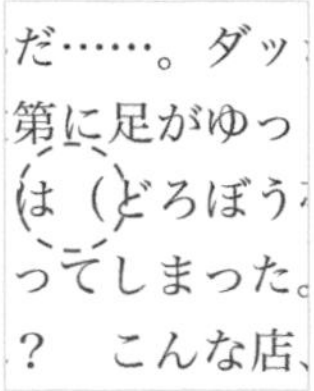

❹ 夾注號（）和其他括號類的前後處理

夾注號和括號類符號前後會自動空出半個全形，看起來也沒什麼問題，但多數人傾向在夾注號前後做縮減半形處理。這部分只要文章採統一規則，空不空格都沒關係。

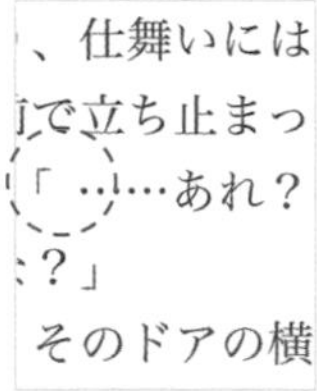

❺ 括號類和其他符號重疊時要做預設字距處理

跟第❷種情況一樣，括號類和其他符號也很常併排在一起，這時基本上會做預設字距處理，移除兩者之間的空格。

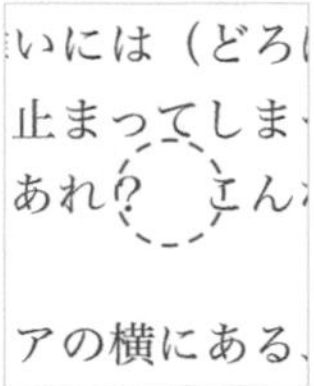

❻ 問號（？）和驚嘆號（！）的後面要空一個全形

出現在行末的問號和驚嘆號後面基本上要空一個全形，但如果這兩種符號是出現在行中則不在此限。

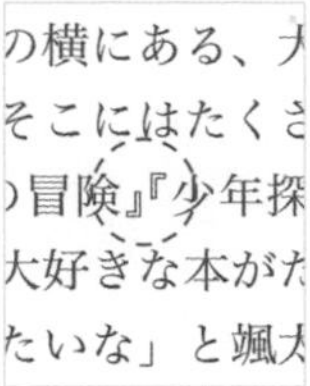

❼ 當右括號與左括號連續出現時要空半個全形

前面提到連續出現兩個符號時，基本上不空格，但當右括號碰上左括號，或是其他標點符號後接左括號時，也要空半個全形。

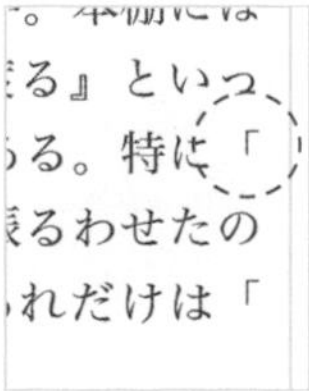

❽ 禁止出現在行末的符號與文字

跟❸一樣，行末也有原則上禁止出現的符號，最具代表性的是（「『〔｛〈《等左括號類。

注意標點符號的全形與半形

消費税が変わる
ことによって、例
えば定価1000円
(税抜き)のものが
[8%]なら1080円、
[10%]なら1100円
になってしまう。

半形符號

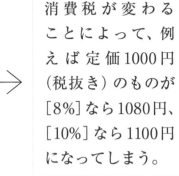

消費税が変わる
ことによって、例
えば定価1000円
（税抜き）のものが
［8%］なら1080円、
［10%］なら1100円
になってしまう。

修改為全形之後的結果

■日文裡出現夾注號（）和括號類 [] 時，基本上使用全形，因為半形會無法對齊其他文字空間，有礙美觀。套用全形時若感覺跟前後距離過大，再以縮小文字間距的方式調整。

英文字母和數字的全形與半形

この画像はＡｄｏｂ
ｅ　Ｐｈｏｔｏ
ｓｈｏｐでレタッ
チをします。ＣＭＹ
Ｋの合計の数字を
３２０より大きくし
ないようにしましょ

全形的英數字

この画像はAdobe
Photoshop で レ
タッチをします。
CMYKの合計の数
字を320より大き
くしないようにし
ましょう。

修改為半形

■英文字母和數字也有全形和半形之分。當英數字和假名、漢字並排時，為了提升適讀性需要做適當調整。橫排的英數字基本上設為半形，除非只有單一個字（如1或A）又或有其他特殊考慮的情況下才會設為全形。

關於行末編排

吊尾排法

縮尾排法

■編排日文時可用「吊尾」和「縮尾」兩種方式來處理出現在行末的句號或頓號。「吊尾」顧名思義就是直接把這兩種符號露在外面，反之「縮尾」是把它縮進版面之中，好跟其他文字對齊。「吊尾」可達到文字間距均等的美觀效果，「縮尾」則可讓整個文字版面看起來排列整齊。選用哪種方式都無所謂，只要整篇套用相同規則即可。

それは違う、、、と思ったものの、どうしても訂正はできなかった・・・。みんながそう書いているから！違うなんて言ったら〝仲間はずれ〟にされるかもしれない…。それが怖くてなかなか言い出せないのだった。。。話は変わるけど、新しい洋服かわいいね◎

→

それは違う……と思ったものの、どうしても訂正はできなかった……。みんながそう書いているから！　違うなんて言ったら"仲間はずれ"にされるかもしれない……。それが怖くてなかなか言い出せないのだった……。話は変わるけど、新しい洋服かわいいね。

❶ 不可連續標示句號、頓號和間隔號
用三個連接的句號、頓號或間隔號來取代表達緘默的「……」是不對的，應該使用占行中兩格，各由三個點組成的刪節號。

❷ 過度緊縮的符號編排方式
若覺得標點符號與前後文字空隔過寬，可用縮小文字間距的方式來處理，但是句號和頓號原本就該貼近前面的字，不應過於靠近後面的字。

❸ 驚嘆號後面要空全形
驚嘆號後面基本要空一個全形，這個例子錯在把全形的驚嘆號貼緊後面的文字。

❹ 未使用正確符號
舉英文和日文的雙引號為例，兩者看似雷同，但設計用途不同，應正確分辨使用。

❺ 刪節號應占行中兩格
除非有特別因素，刪節號應占行中兩格。

總結

■ 除非有特殊情形，應遵守標點符號基本使用原則。

13 標題字體與大小

標題是用來傳達企畫概念與主題，本單元帶領讀者思考如何選用適當的標題字體與大小，發揮標題的功能。

什麼是標題？

■標題即英文的「title」，不僅主題，也可依頁面編排要素指為「段落標題」或「廣告標語」，總之就是用以傳達頁面和內容的簡要文句。標題跟內文的性質完全不同，<u>基本上標題講求文字精練，一眼就能抓住讀者視線</u>，因此必須選用最能引起注意的大小與字體。那麼，應該如何突顯標題的存在呢？

■最簡單的方法是，設計得比內文「<u>大</u>」，其次是比內文「<u>粗</u>」。就算文字本身不見得很大，有時也能利用寬大的版面空間來引起注意。

❶字級大小

把標題文字盡量拉得接近版面大小。

❷筆畫粗

雖然字級比圖❶還小，但筆畫加粗後同樣能達到吸睛的效果。

❶ 最初是把字級放大，這麼一來肯定能引起注意，重點是要盡量拉開與內文字級大小的差距，若兩者差距太大將無法帶出標題的存在感，可視版面的協調性調整字體大小。

❷ 就算不變更內文和標題字級大小，還是有其他可以突顯兩者差異的方法，那就是把標題文字加粗。就好比編排文章的時候，為適度區分章節標題與內文，會保留原來的字級大小，直接用加粗標題的方式來處理。

❸ 利用比較寬的版面做寬鬆排版（拉開文字間距）也能突顯標題和其他文字的差異，就算文字本身略顯小巧也能起到吸睛作用。

❹ 變換字體也是方法之一。最簡單的方式是，標題用黑體而本文用明體，這種組合可以收到突顯標題與增加內文適讀性的雙重效果。如果標題內容亦頗合乎明體風格，也可在標題套用明體，反而更能傳達作品的意圖。不妨細心體會每種字體的特色，觀察套用後的效果。

❸ 空間

在寬敞的版面做出寬鬆排版能突顯標題的存在感。

❹ 字體

在標題使用有別於內文的字體。

標題文字的均衡排列

■ 標題是頁面中最搶眼的部分，應注意文字編排時的均衡整齊。

來看案例

■ 右上圖雖然採預設字距排列，但字元間距看起來有寬有窄，有失標題風範，應注意整齊美觀。

■ 編排標題的時候，應注意「字體所襯托出來的特色」、「拗促音」（日文）和「空間」。如同第 76 頁說明本文編排時提到的，日文裡很可能摻雜平假名、片假名、漢字和英數字等，這時平假名可能會過度集中，而拗促音又感覺過於鬆散。為了讓每個字看起來均衡排列，必須掌握個別文字的特徵，調整間隔以達到最適觀感。

第10回
グラフィック社
「ひきだし」AWARD
作品募集！！

第10回
グラフィック社
「ひきだし」AWARD
作品募集!!

上為預設字距，下為調整個別文字間距之後的結果。預設字距適合用在內文，遇到標題時，因為字形大而顯眼，需要做適當的間距調整。

❶ 數字

第10回 ➡ 調整字距 -90 -170 20 第10回

數字不管是全形還是半形，總免不了需要經過一番調整才能達到平衡。舉例來說，像「1」這樣字幅窄小的數字，跟前後文字間距過寬；反之「0」和「8」等字幅較寬者感覺又跟前後擠在一起。這時得用電腦軟體裡調整字距的功能來調整。

數字跟前後間距過窄的示例

編排文字不是擠在一起就好，擠過頭了看起來反而感覺突兀，應注意前後距離，調整最適平衡。

英文字母的字幅也不盡相同，當字符寬度不同的文字用預設字距排在一起時，很難達到整齊的效果。如例子的「A」和「W」並排時互為平行的關係，如果不縮減文字間距，看起來就會比其他字母來得寬。

❹平假名、片假名、漢字

一般來說平假名和片假名會做得比漢字還小，文字間距看起來也比較寬。此外，拗促音做預設字距排版時，跟前後文字的距離肯定會變得很顯眼，一定要用字距微調的功能來處理。

❺標點符號

第 80 頁提到的標點符號用預設字距編排時，常會出現前後看起來過寬的問題。但在追求美觀、縮緊文字間距的同時，別忘了若太過貼近前後文字，反而會讓頓、句號等失去分句和斷句的原始作用。

總結

■ 標題是頁面裡最搶眼的文字，可利用字級大小、筆畫粗細、空間和字體等變化突顯與內文的差異。

■ 編排標題文字時要注意字元間距是否適當，做均衡調整。

14 文字加工

要設計出瞬間就能捉住讀者目光的標題文字時，偶爾也要需要加入一些文字的特殊加工。以下介紹如何以最簡單、最快速的方式設計出華麗且便於閱讀的文字。

適合標題的文字加工

■ 說起文字加工，腦中可能會浮現浮凸、加陰影等各種效果，但這裡要介紹的並非文字裝飾，而是發揮文字本來的特色，表現出標題文字應有的強勁與美感的加工方式。

■ 以下藉「法布爾昆蟲記」的日文標題做說明。首先把標題文字分別套用明體和黑體（採用預設字距）。

■ 接著調整字元間距，取得整體平衡。標題愈大，字距的調整也愈能成為影響設計好壞的關鍵。

■ 最後用 Photoshop 做模糊處理，把輪廓路徑化之後，再調整文字表情就完成了。

預設字距排版

黑體（見出哥 MB31）

ファーブル昆虫記

明體（ZEN 傳統明朝 N Bold）

ファーブル昆虫記

調整過寬和過窄的部分使達均衡狀態

ファーブル昆虫記

ファーブル昆虫記

變換文字表情

ファーブル昆虫記

ファーブル昆虫記

文字加工與調整間距

■ 本書所指的「文字加工」並非從零著手字體設計與文字裝飾，而是發揮長久以來受到愛用字體本身的美感，強化標題的特性。以下介紹「輪廓修整」、「粗細調整」以及「修飾字腳」等三種加工方式。

■ 首先針對以預設字距排版的文字做字距調整，尤其是引號和前後文字的間距。由於引號看起來感覺過粗，而改用線條較細者。

■ 利用 Photoshop 做模糊處理以柔和文字線條，再用 Illustrator 把文字轉成外框（outline）。最後修飾過於凸出或過圓的字腳，並縮短引號長度即完成。

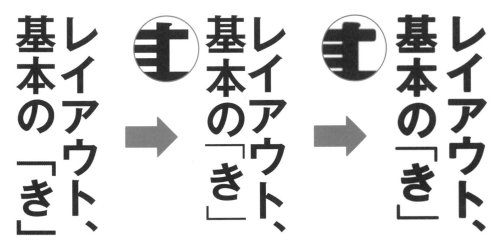

以Gothic MB101 DB為基礎

調整文字間距
變更引號粗細

調整文字粗細

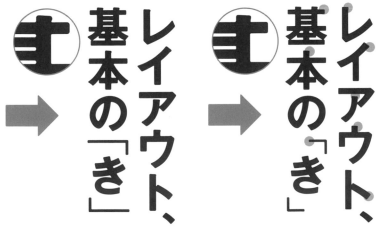

調整輪廓
將文字轉成外框

最後階段的細部調整
修飾過於凸出和過圓的字腳

總 結

■ 只是排列文字，無法突顯文字列的存在，這時可以利用文字加工達到吸睛的效果。

15 前言和段落標的規則

頁面裡除了內文，還有其他不同作用的文字區塊，以下舉其中具代表性的「副標題」和「段落標題」的編排做說明。

決定文字的優先順序

■「Title」一詞可為書名和企劃名稱的主題，也指頁面裡最顯眼的文字，以廣告傳單來說也可能是「廣告標語」或商品名稱的部分；此外報紙的「大標題」在版面中也具相同地位。「前言」（lead）也被稱為「引言」，主在點出內容概要，引導讀者進入內文。「小標題」則是附隨在大標題之後，也指長文裡用以區分章節的段落標題。

練習實作

■ 以下是編輯過後供的文章，已清楚設定好標題、導言和段落標題的文字屬性。接著讓我們來動手編排，增添不同文字區塊的變化。

〔主標題〕❶
「基本的基本：版面設計的基礎思維」發行中。

〔前言〕❷
排版功力不佳、無法上手的原因，可能是因為不了解「基本中的基本」。

〔本文〕❸
提升你的「觀察」功力
無法做出令人滿意的版面編排，有個原因是「沒有用心觀察」。應該注意些什麼，要怎麼看才能用排版的觀點看出其中的奧祕──在這裡，你會找到答案。完全沒有碰過編排設計，突然被調到必須親自動手做這些事的部門時，就算是藝術學院出身的人，恐怕也很難立即匯整出所有的版面要素，並設計一篇好的宣傳設計。若你有這樣的煩惱，就一定不能錯過《基本的基本：版面設計的基礎思維》，一本有別於其他設計編排的入門書籍，帶你深入設計的根本大法。

❶ 突顯主題（請參考第 84 頁）
❷ 前言要能一目了然
❸ 區分段落標題和內文的差異

- 縮短行長
  一般來說，段落標題的字數會短於內文的行長。

- 變化字體大小
  認知段落標題扮演的角色，大小差距過大反而會造成不協調的異樣感。

「基本的基本：版面設計的基礎思維」發行中。

排版功力不佳、無法上手的原因，可能是因為不了解「基本中的基本」。

提升你的「觀察」功力

無法做出令人滿意的版面編排，有個原因是「沒有用心觀察」。應該注意些什麼，要怎麼看才能用排版的觀點看出其中的奧祕──在這裡，你會找到答案。完全沒有碰過編排設計，突然被調到必須親自動手做這些事的部門時，就算是藝術學院出身的人，恐怕也很難立即匯整出所有的版面要素，並設計一篇好的宣傳設計。若你有這樣的煩惱，就一定不能錯過《基本的基本：版面設計的基礎思維》，一本有別於其他設計編排的入門書籍，帶你深入設計的根本大法。

段落標題和內文的間距取值

■ 段落標題通常跟內文之間保有一定距離，可先決定設定好標題會占本文幾行的空間，再請文字稿提供者依照設定撰稿。

提升你的「觀察」功力

無法做出令人滿意的版面編排，有個原因是「沒有用心觀察」。應該注意些什麼，要怎麼看才能用排版的觀點看出其中的奧祕——在這裡，你會找到答案。完全沒有碰過編排設計，突然被調到必須親自動手做這些事的部門時，就算是藝術學院出身的人，恐怕也很難立即匯整出所有的版面要素，並設計一篇好的宣傳設計。若你有這樣的煩惱，

段落標題占內文 3 行大小

提升你的「觀察」功力

無法做出令人滿意的版面編排，有個原因是「沒有用心觀察」。應該注意些什麼，要怎麼看才能用排版的觀點看出其中的奧祕——在這裡，你會找到答案。完全沒有碰過編排設計，突然被調到必須親自動手做這些事的部門時，就算是藝術學院出身的人，恐怕也很難立即匯整出所有的版

段落標題占內文 4 行大小

拆散標題

■ 編排段落標題時應避免「拆散標題」（寡行），造成標題與接續的內文被拆分到上下欄的行尾與行首，也不可把標題遺落在該段的最後。發生此種情況時，要把遺落在上一欄（頁）的標題移提到下一欄（頁），或調整內文的字數。

總 結

■ 了解導言和段落標題的作用，進行適當編排。

16 文字區塊的動線

將很多要素放入單一版面時，版面就會變得相對復雜。有效地引導視覺動線，使讀者能流暢閱讀，是文字區塊編排時的重要課題。

符合視覺動線的文字區塊

■ 請看右圖。看完第一欄後應該接往何處？是不是感到一陣困惑？要如何調整才能順利銜接不同文字區塊？重點就在於視覺動線的編排。

■ 在本書第 26 頁裡提到，以直排的版面來説，閱讀時的視覺動線是從右上左下，橫排為左上到右下。編排文字區塊時亦不能忽視此原則，應遵從相同原則做排列。

■ 若有其他想法，想採取特殊編排方式時，建議加上箭頭或記號，來提示下一個段落的銜接處，避免讀者迷失方向。

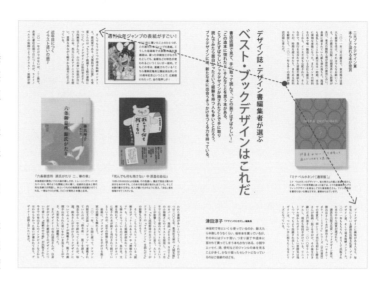

修改後的版面

根據上述的説明，做以下調整。

❶ 內文移到視覺易於銜接的位置。

❷ 配合❶，把大標移到視覺第一落點的右上方。

❸ 用線框起的小專欄改放到不干擾內文動線地方。

如何調整不符視覺動線的排版？

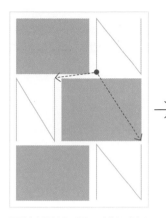

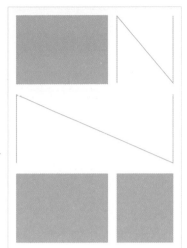

頁面的灰色區塊各是三張圖，N字代表三個文字區塊。此種排放方式讓人搞不懂右上欄結束之後視線要接哪裡？

從這兩個修改後的排版可看出，只要把圖片集中在一側，不管文字分成兩欄或三欄，都能在換欄時順利銜接。

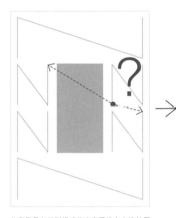

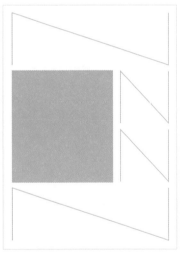

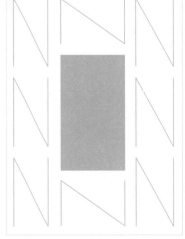

此案例是在四列組成的文字區塊中央排放圖示，但看完右邊第二欄後，視線究竟該移往哪裡呢？

想要維持四欄編排，可把分隔文字塊的圖示移到左右任一側，或是乾脆改成三欄，維持文繞圖的編排方式。

總 結

- ■ 版面欄位編排要符合視覺動線。
- ■ 直排時從右上往左下，橫排時從左上往右下。
- ■ 多重要素讓欄位編排變得複雜時，應思考如何排放才能自然引導讀者視線。

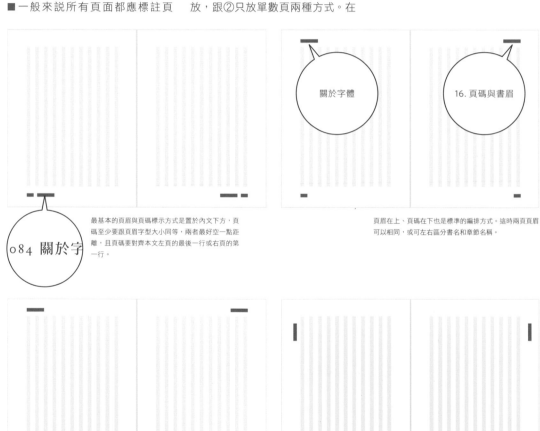

17 頁碼與書眉

除了內文，標示頁數的「頁碼」以及標明章節和書名等的「頁眉」也是極為重要的文字要素。以下介紹一目了然的頁碼與書眉編排方式。

優先重視書的功能

■ 頁碼是用來標示印刷品的頁數，頁眉是指在書籍和雜誌等印刷品頁面四周空白處標示書名、章節名稱或要點的文字列。不妨先拿起身邊的雜誌和書本，觀察其標示方式。

■ 一般來說所有頁面都應標註頁碼，除了以下特殊情形：①扉頁、扉畫（卷頭插圖）和版權頁，②圖和表格占用到頁碼標示空間的時候。

■ 頁眉的排放依書籍內容有所差異，大致分為①在對開的兩頁都放，跟②只放單數頁兩種方式。在①的情況下，一般會在偶數頁標示章名，奇數頁則標示節或項目等段落標題。

關於字體

16. 頁碼與書眉

084 關於字

最基本的頁眉與頁碼標示方式是置於內文下方，頁碼至少要跟頁眉字型大小同等，兩者最好空一點距離，且頁碼要對齊本文左頁的最後一行或右頁的第一行。

頁眉在上、頁碼在下也是標準的編排方式。這時兩頁頁眉可以相同，或可左右區分書名和章節名稱。

084

八四

頁碼置中也是種變通方式，但這種情況下頁碼和頁眉通常會分開標示。

偶爾可在日文書籍裡看到直排標示的頁碼，此例是用國字數字小寫取代阿拉伯數字，這時頁眉也採直排。

頁碼和頁眉的字體與字體大小

■ 基本上頁碼和頁眉的字體大小要小於本文（參見第 63 頁），因為內文才是版面裡最重要的文字列，而頁碼與頁眉只是做為輔助。雖然也有像右下圖一樣放大頁碼的特殊版面設計，但一開始還是建議使用比內文還小的字體。

■ 在沒有例外的情況下，頁眉通常使用跟內文一樣的字體。用阿拉伯數字標示頁碼的時候也要使用內文裡的歐文數字體。

085

085

只要沒有看不清楚的問題，頁碼可在不破壞該書氣氛的範圍內選用字體，唯字級一般比本文小 1 ～ 2 成，以 13Q 級的本文來說，頁碼約是 11Q。

此為頁碼超過內文大小的特殊編排，目的在於彰顯數字標示。當頁碼的印象過於強烈時也可做灰階處理。

頁碼與書眉的位置

085

085

頁碼標在右頁時， 一般會與內文第一行對齊 （左頁時則對齊最後一行）。

早期也常見到在頁碼前刻意向內縮排一個全形空格的編排，現在則較少見。

注意事項

■ 頁碼和書眉的作用在於傳達資訊等輔助性功能，因此要避免讀者找不到頁碼，或是搞不清楚現在所在單元的情況發生。基本上不可以把頁碼和頁眉放在像是裝訂側中央等讓人難以發現的特殊位置。

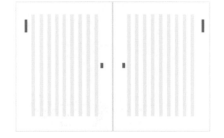

總 結

■ 頁碼應放在讀者容易察覺而且不會干擾到頁面內容的地方。

CHAPTER 3

照片與插圖

1 排放照片 與插圖

照片與插圖能增添版面魅力,以下來思考照片與插圖的排放規則,怎麼做才能收到更好的編排效果。

練習實作

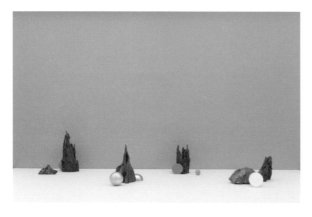

■ 假設左圖是攝影師(或客戶)提供的照片。圖中幾個物體集中在下半部,上方則是空無一物。提供單位要求用此張照片當作頁面主要素材,且希望在沒有文字說明的狀況下充分發揮照片本身的特色。

■ 如果要把這張照片排在縱向 A4(210x297mm)的版面裡,應該怎麼編排才能達到提供者的要求呢?

 ❶

不裁切,直接放入版面。

在編輯和攝影師沒有特別指示,又必須充分展現照片效果的時候,應該以不剪裁、完整排放為優先考量。但在這個例子裡,把橫向照片直接放進直向版面的做法,反而會縮小照片比例,削弱視覺張力。

 ❷

截圖放成一整頁。

利用裁切方式截取部分影像時,,必須先跟攝影師或客戶確認取得共識。適當的截圖能在無損照片印象的情況下增添版面魅力。

❸

旋轉圖片置入版面。

想要圖片完整放入,且要讓照片看起來愈大愈好的時候,就可以把圖片 90 度旋轉。但這麼一來很可能會改變翻閱時的印象,必須謹慎行事,不是每張照片都能用此種方法處理。

❹

變更圖片的比例

在不得已的情況下,為了將照片完整放入直向版面,直接拉長橫向照片的比例時,就會像左圖一樣造成整個影像變形。基本上應避免這種處理方式。

編排的多樣性

■ 在只刊登照片的頁面裡排放圖像時，基本上會把整張照片直接放成一整個版面，但也不乏透過裁切加工，進而彰顯拍攝主體的案例。這裡要強調的是，收到照片的時候應該要先「用心觀賞」，思考這張照片該如何在頁面裡發揮功能，傳達給讀者何種訊息，再決定照片的尺寸與裁切方式，而不是直接拿來用。

■ 此外，在圖片四周留白邊，也是一種能大幅影響照片觀感的方法，如果覺得把圖片放滿版的方式過於單調，也有很多人會特意留白邊。

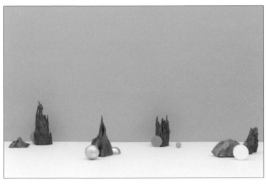

稍微裁掉照片周邊有時反而更能彰顯主體，跟 98 頁左上圖比起來，這張照片裡的 4 個主體看起來是不是更具存在感了。

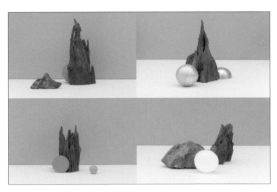

若版面的目的在於突顯拍攝主體本身，也可分割畫面放大排列，進一步強調主體的細節。

截除照片上方藍色區塊，特意在版面下方留一大片空白，這麼一來照片帶給人的印象也會有所改變。但如果上方的藍色區塊有其重大意義，就不能這麼處理。

在文字多而照片空間小的版面裡，要滿足放大對照物體的需求時，也可做此裁切方式，把照片截成兩張，保留更多空間排放其他要素。

總 結

■ 編排照片與圖的時候，不要忘記其實有很多方式可選擇。

---

2 多張照片的意義

不同於單張照片排版，當版面裡有多張照片存在時，排列方式也代表了不同的「意義」與「關聯性」，應了解這層關係後再做最適編排。

複數＝關聯性的產生

■ 左側是太陽與河川貫穿的市街空拍照片。當這兩張照片排在一起時，可產生幾種排列組合？不同的排列方式又會帶來哪些印象，以下先來看看幾種編排方式。

均等排列

在同一頁面做大小相同的上下排列。太陽在上或在下給人的印象截然不同，一般來說會根據實際現象把太陽置於地面之上，但仍可依據版面意圖做變化。

當輸出媒體是書冊等印刷品時，可在對開頁做大小相同的左右排放。在裝訂是右翻的情況下，看到照片的順序是街道→太陽；左翻的順序則為太陽→街道。一般來說，照片排列順序跟內文陳述的順序是相同的。

相同照片做上下或左右排列時也會因為留白的取法改變版面印象。空愈多愈顯靜謐。

在書冊上對開頁排放照片時，除了左右也要注意個別頁面編排的均衡。

大小變化排列

■ 改變照片大小排列時，必須先決定好照片之間的「主」「從」關係。就像底下的示例，以太陽或是以街道為主，將會完全改變讀者觀感，

因此在變化照片大小之前要先決定好哪一張要當成主照片。

■ 下圖示例反應出不同主題與時間軸的關係。編排時應考量想要傳達

的內容優先順序，確認主題是太陽還是街景，以及進入讀者視線的前後順序等，再來決定照片的大小。

如果版面主題是「太陽」，就應選左圖的編排方式；右邊則是以「市街」為主題的排版。也就是說，占較大版面的照片應該要契合內容的主題。

就算主題是市街風景，陪襯的太陽擺放位置也會影響主題存在的強烈程度。相比之下，把主圖置於上方更能引起讀者注意。

比起留白邊的右圖，把主圖放滿整個版面的左圖，感覺起來更生動。想放大主圖的時候，左圖貼齊版面邊界的呈現方式就具有不錯的效果。

練習實作

■右邊有五張大小相同的圖片，現在來練習把這五張圖排在橫向的A4（210x297mm）版面裡。

■在第100頁也說明了，編排多張照片時應先決定好主從關係，因為照片的排放方式會影響到讀者接收的訊息。以下就從各種示例，思考照片的編排方式。

以壁畫為主題

■假設以「出自名錢湯繪師之手的富士山」為題，介紹錢湯壁畫的時候，主圖就應選用壁畫，並放到最大版面，才能帶給讀者強烈的印象，其他副圖則均等排列（大小相同）。這時不妨把主圖和副圖之間的距離稍微拉開，使其比兩張副圖間的間隔更寬，有助於彰顯主照片的存在感。

■另一種方式是在主題的壁畫圖片旁邊擺放聚焦細節的副圖，可達到在有限的版面空間裡傳達更多訊息的效果。只要把主副圖放在同一區塊，自然可以看出兩者屬於同一組圖片；至於更下一層的圖片，再透過大小和間隔均等的排列方式呈現，基本上同一層級的圖片，可沿用相同的編排規則。

以繪師為主題

■ 以「一路走來，錢湯壁畫繪師」為標題，在介紹錢湯繪師的版面裡，應該像左圖一樣，把人物設為主圖是比較理想的編排方式。

以錢湯為主題

■ 以「老街的社交場所，錢湯推薦」為標題，在介紹錢湯的版面裡，在不分圖片層級，均等排列的情況下，傳達給讀者的，就是錢湯的各種平均面向。這時再根據內容，斟酌圖片排放的順序，以及留白的做法，讓圖片的意義群組化，歸納出更有效果的編排方式。

總結

■ 編排多張照片時，務必先決定好其中的優先順序。

■ 照片的大小之分具有不同的意義。

■ 排放三張以上的照片時，要意識到空間裡群組（區塊）的存在。

3

多張照片的處理方式

在之前的單元介紹了多張照片的大小與排列方式，會產生不同的意義，接著來介紹幾個處理多張照片時的思考方式。

整齊排列的含義

■ 上面是隨興編排（左圖）與整齊編排（右圖）的對比，兩種編排方式都有人用，不過右圖的位置與間隔整齊排列，傳達了四張照片的關係是對等的。

■ 在圖片沒有特殊含義和等級優劣之分的情況下，應先考量間隔一致的排列方式，看起來才不會像是有層級或前後順序之分，且是整理過的狀態。

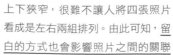

■ 以左圖來說，上下間隔寬鬆而左右狹窄，自然形成上面兩圖是一組的觀感；比對右圖左右間隔寬鬆而上下狹窄，很難不讓人將四張照片看成是左右兩組排列。由此可知，留白的方式也會影響照片之間的關聯性，編排時應意識到這層關係。

思考照片之間的關聯性

■ 左下兩張面對面排放的人物照看起來是不是很像兩人在對話？如果放成背對背看起來又是如何？這時

就會像右下圖，感覺是兩篇個人介紹，甚至透露出兩人感情不好的氛圍。

■ 在版面中排放人物照的時候，應<u>確認照片人物面對的方向與視線，不可與內容出現相違的情形</u>。

大小

時間軸

■ 有多位人物登場的時候，在彼此關係對等的情況下，臉部特寫應盡量取相同大小，避免產生印象上差異或關係性聯想，就像左圖裡其中1人的臉看起來特別小，很容易會

讓人以為有什麼特殊含義。

■ 照片之間若存在時間序列的含義，就應該依照發生時序排放，避免因為前後倒置使得讀者產生理解上的混亂。

總結

■ 整齊排列和交錯紛雜的排列方式各有其含義。

■ 考量拍攝對象以及照片之間的關係，做適當編排。

4 照片裁切與去背

為了配合頁面要傳達的意思，設計師有時會對照片加工以彰顯效果。以下針對照片的裁切與去背進行說明。

裁切

■裁切，是指截取照片和圖片裡的部分影像，但如果是<u>專業攝影師的作品，基本上不會做裁切加工</u>，裁切前必須先得到攝影師的同意。

■譬如右側小女生背書包走在櫻花樹下的照片，在取得攝影師的同意後，裁切照片會出現什麼樣的效果呢？

■左下是截取照片下半部的影像，主題聚焦在兒童身上。右下則是截取照片上半部的影像，反映季節的櫻花景色成了主角。由此可知，裁切會改變照片傳達給讀者的印象。

背書包的小女生成了主角

主題為櫻花盛開的風景

上面左右兩種排版都是根據文章內容把影像焦點集中在小女生身上。左圖是截取小女生的影像，右圖則以貼齊版面不留白邊的方式直接放入整張照片，在櫻花和白花三葉草的對比之下襯托出整體空間氛圍，並於右側再置一張小女生的特寫呼應主題。

去背

■ 去背是指移除照片中不要的影像，只取物體、人物或建築物等拍攝對象的處理方式。什麼情況下會需要做此處理？

■ 首先是為了增添版面的動感，提高看頭的時候。譬如上面左側的原始照片，鐵路和電車等元素都出現在背景，若將這些背景去除，只保留人物再做文字繞圖的編排，就可增添版面的吸引力。

■ 想在有限的版面裡盡可能放大照片主題時，也常用去背的方式來除去不要的影像，增添版面空間。

■ 另一個比較消極的理由是，很多照片不是為了排版而拍攝，因此畫面裡充斥了各種雜七雜八的影像，有損畫面美觀與印象，只好用去背的方式清除。

總結

■ 想要強調照片裡部分影像時可以進行裁切。

■ 想讓呈現的主體明確存在時可以去背。

■ 裁切和去背加工處理後的照片，都可以被視為圖片的素材。

5 照片與文字

個別處理照片和文字時的思考點，跟同時處理兩者的情況有許些差異。以下來思考同時處理照片和文字時，應該注意哪些地方。

同時編排照片與文字

■ 同一頁面有照片也有文字時，由於讀者會同時意識到兩者的存在，照片的目的是用來補充文字資訊，或文字的作用在為了說明照片等，就必須根據版面訴求做不同的編排。

■ 先試想頁面要傳達的印象，思考用哪種方式更能達到傳達的目的，是「以文字為主」還是「以照片為主」，進行編排。

照片和文字的位置關係

■ 以攝影展廣告傳單為例，來看看照片與文字的關係。該傳單的目的是為了讓人注意到展出的主題與照片，在橫向排版時視覺的第一個落點會在左上方，所以把大標放在這裡。另一旁則盡量空出空間排放照片。就位置而言，雖然標題會先映入讀者眼簾，但因為照片版面夠大，搭配黑墨印刷的文字，照片的色彩反而被襯托出來，因此兩者在視覺上的比重是相同的。

■ 接下來思考文字和照片的距離。左上圖的文字與照片過於貼近，有礙閱讀，應保持一定的距離。

■ 照片和文字的距離應該比行間更寬，這一點同時適用於內文和圖片說明。

■ 有多張照片存在的時候，應從文字的內容決定照片排放先後順序。

在照片上加入文字

■底下的圖片是取自專業攝影展「天空的耳朵」中的作品。比對左右兩種排版，右圖的文字是不是看起來比較容易閱讀，且不影響展出作品的美感呢？

■左圖的問題出在把文字擺放在照片中訊息量較大的水面波紋處，不但干擾閱讀，也破壞了照片的美感。以照片為主的視覺宣傳，應該像右圖一樣，把文字放在畫面中訊息量較少的地方。

色塊圖層與對比

■如果非得把文字放在訊息量多的位置時，可在文字下方襯上白色或其他顏色的圖層，但這麼一來會像左下圖一樣遮蓋到部分影像，有時甚至會破壞整張照片，加入底色時應盡量避開照片中有重要影像的位置。

■調低文字排放處的照片對比，可提高文字與照片的色差，易於辨識文字內容（右下圖）。

襯在文字底下的影像如果過於凌亂，照片與文字的反差又過低，文字就會難以閱讀。

圖片說明

■「圖片說明」顧名思義就是指附隨在圖片、照片與圖表的說明短文，一般來說其<u>字型會小於內文，長度亦不超乎圖或照片的範圍</u>。圖片說明一定附隨影像存在，編排應把圖片與圖說視為兩個不同的區塊。

■ 當圖片說明超過一行時，文字與圖的間隔要空得比文字的行距寬。

■ 不論橫排或直排，圖片說明的行長基本上要收在圖的大小之內，多採前後對齊。若無法對齊，排成一個區塊會比放任行末參差不齊好。

林裡悄然綻放的無名白花。不需人照顧，每年春天一到就會開放可愛的小白花。

圖片與說明文的距離比行間稍寬，恰到好處。

林裡悄然綻放的無名白花。不需人照顧，每年春天一到就會開放可愛的小白花。

行間過寬，有失均衡。

林裡悄然綻放的無名白花。不需人照顧，每年春天一到就會開放可愛的小白花。

圖片與說明文過於貼近，妨礙閱讀。

林裡悄然綻放的無名白花。不需人照顧，每年春天一到就會開放可愛的小白花。

說明文不一定要對齊照片兩端，也可以像這樣在中途換行。

林裡悄然綻放的無名白花。不需人照顧，每年春天一到就會開放可愛的小白花。

隨文意換行會造成行末參差不齊，不建議這麼做。

林裡悄然綻放的無名白花。不需人照顧，每年春天一到就會開放可愛的小白花。

說明文長度超過照片大小的排法，基本上是不可行的。

多張照片的圖說編排

■ 同一頁面出現多張照片的時候，可循幾種規則編排圖說。一是最常見的，<u>在照片附近排放個別說明</u>，這是最經典且容易理解的作法，<u>不確定如何處理時用這種方式準沒錯</u>。但要注意，所有圖片的字體、字型大小以及和圖片的距離都要維持一致。

■ 另有一種方式是,把說明文集中在照片以外的區塊,這麼一來照片可以放得更大,起到吸睛作用。但要記得在照片標註上號碼,<u>讓讀者了解照片與圖說的對應關係。</u>

■ 如果不想在照片裡標示圖號,也可以像左圖一樣另外做一個照片位置關係圖(有些會統一放在卷末),搭配個別說明。編排時應理解,不論何種圖說的編排方式,都會影響讀者看圖的方式。

總 結

■ 為避免破壞照片本身的內容,應慎選照片裡文字排放的位置。

■ 根據照片的呈現方式,調整圖說的位置與大小。

6 照片補正與加工

由於設計師對照片做補正與加工處理的情況愈來愈多，以下就來介紹影像補正與加工的基本知識。

影像優化處理

顏色覆蓋

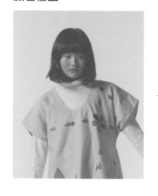 →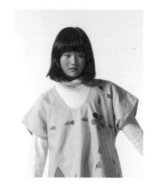

對比不足

 →

色彩平衡不佳

 →

■ 最近數位相機拍攝成為主流，直接拿電子檔來用的時候，經常遇到過暗或顏色不盡理想的問題。

■ 這時可以利用 Photoshop 等軟體，透過調整顏色、圖像銳利化和修復污點等影像「補正」的方式來解決。提到影像處理，很多人會聯想成影像合成與變形等「加工」處理，跟補正的意思不同。

■ 影像補正的處理方式很多，以下舉幾個需要做補正的代表性例子。首先是像左上圖示一樣，感覺整張照片覆上一層色彩（藍色）的時候。

■ 另一種是像中間圖示，感覺影像中的色彩有些模糊。這是顏色對比不足造成的，可經由調整色彩濃淡（深色調深、淺色調淺）達到改善。

■ 有時也會遇到色彩平衡失調的情形，就像左下圖。這時可根據影像的白色或灰色部分為基準，進行色彩校正。

不夠銳利

■ 也有一種情況是影像看起來像蒙上了一層紗。這可能是影像不夠銳利造成的，可以用 Photoshop 銳利化濾鏡功能來改善。

■ 當照片整體看起來黯淡時（如左側中間圖示）也需要做補正。雖然可用 Photoshop 的「曲線」（tone curve）來處理，但要注意，<u>即使是最亮的部分，也不能把 CMYK 值設成零</u>。因為「零」就代表印刷時該部位完全不上色，輸出後反而會變得很不自然。此外，若照片原本就過曝，顏色都已經消失的情況下，是無法用影像補正改善的，只能重新拍攝。

過暗

去背

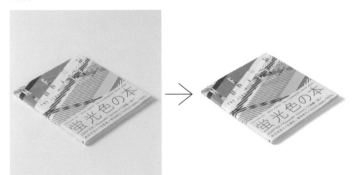

■ 說起修圖（照片加工），大部分的人都會聯想到影像合成或濾鏡處理，但除非是特殊情況，通常不建議這樣做，因為圖片加工很可能會破壞照片最原始的狀態。

■ 倒是去背的加工處理在排版時很常用到，因為可以除去多餘的背景，並增添版面動感。

總 結

■ 使用 Photoshop 等影像處理軟體之前，應先設想好照片要呈現的狀態。

■ 仔細觀察並思考現在的照片，跟理想狀態相比，還有哪些不足的地方。

7 解析度和其他

接著針對製作印刷品時，設計師一定要了解，用來表示圖像精細度的「網線數」和「解析度」進行介紹。

先來看看

網線數

175lpi

90lpi

60lpi

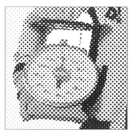

30lpi

■「網線數」指的是印刷的解析度，以「線數」或「lpi」（lines per inch）為單位。在製版階段將圖片的色彩資訊轉為網點時，每英寸排列多少網點列數，決定了影像輸出的解析度。數值愈大，

單一網點愈小，畫質愈精細。什麼樣品質的用紙和印刷方式，該取值多少，大致是決定好的。
■一般印刷品的網線數，如果是特殊照片等高階印刷，網線數在300以上；型錄、月曆、傳單和

雜誌等（銅版紙質）彩色印刷則是150～200線數之間，一般會使用175線數；以文字為主的書籍和雜誌（上等紙質）在100～150線數之間；報紙（小型畫報等）則在60～80線數之間。

影像解析度

350dpi

150dpi

72dpi

36dpi

■影像解析度，指的是數位影像畫素的密度，也就是每英吋畫面中由多少畫素（pixel）組成，以「dpi」（dots per inch）為單位。數值愈大，畫質愈精細。
■解析度愈高不代表愈好，如果耗費時間處理過大的數據容量，反而沒有效率。應該視輸出的紙質、大

小，以及顯示螢幕和設備來設定適當的解析度。
■想要輸出高畫質影像，一般會以「解析度是網線數的兩倍」為標準，假設時下的彩色列印多為175線數，因此解析度設為350dpi就能收到不錯的輸出效果。
■上面最左邊的照片解析度是

350dpi，也是平面廣告、傳單和雜誌等印刷品基本要求的解析度。往右依次為150dpi、72dpi和36dpi，解析度愈低，畫質愈粗糙，甚至出現鋸齒狀。
■此處說明的影像解析度跟PC螢幕、智慧型手機等裝置的「影像解析度」是不同的。

大圖印刷的解析度

■ 剛才提到印刷品的基本解析度為 350dpi，是拿在手上翻閱的傳單或雜誌等畫面的適用標準。<u>海報和告示板等遠距觀看的大型印刷品則應套用低解析度。</u>

■ 左下圖是尺寸為 2.4m× 3m 的大型海報，拍攝距離為 10m，文字和圖片都清晰可辨，但解析度其實只有 100dpi，對照右下圖的原稿尺寸便可看出影像極為粗糙。由此可知，從一定距離觀看的時候，只要把解析度調到 150dpi ～

200dpi 其實就已足夠，有些甚至調低到 100dpi 也無妨，太過執著高解析的影像，只會無謂佔用硬碟的容量，應避免此種狀況。

原稿尺寸（100pdi）

二值圖像解析度

■ 遇到商標或是做為圖像使用的文字時，可用二值化來處理，將其變成不含灰階僅以黑白兩色構成的黑白影像，又稱二值圖像。由於二值圖像

無法透過灰階修補畫質，在解析度僅為 350dpi 的情況下會出現像底下圖示（左）的鋸齒狀，應把解析度調高到 600 ～ 1,200dpi。

■ 有 的 印 刷 機 可 以 輸 出 高 達 2,400dpi 的影像，超乎肉眼一般可辨識的精細程度，設成 1,200dpi 應該就已足夠。

放大 1000%

1,200dpi 原稿尺寸

350dpi

1,200dpi

2,400dpi

總 結

■ 解析度代表影像的資訊含量，數值愈高畫質愈精細，應配合媒體特性加以設定。

■ 一般印刷品的適當解析度為 350dpi。

■ 印製大型海報只要把解析度設在 150 ～ 200dpi 即可。

■ 二值影像的解析度應調高到 1,200dpi 左右。

CHAPTER 4

圖示、地圖、表格、統計圖表

1 什麼是簡單易懂的圖示

某些難以單用文字傳達的內容,可藉由圖示達到一目了然的效果。本單元將說明什麼是簡單易懂,又可有效傳達內容的圖示。

以圖代文

■ 首先,試著把以下文章做成圖示。

> 促銷期間為 2012 年 4 月 1 日～ 4 月 5 日。期間內購物滿 1,000 元以上者,每 1,000 元可獲得 50 元現金回饋;購物滿 5,000 元以上,可享 500 元現金回饋。又會員購物滿 1,000 元以上可額外享 50 元現金回饋,滿 5,000 元以上額外享 500 元現金回饋。

■ 像這樣用來表達複雜的文章內容者,就叫圖示或圖解(Chart 或 Diagram)。

■ 以下說明圖示的思考方式。首先,針對促銷一事,文章裡提示了 2 個條件各是「1,000 元以上」和「5,000 元以上」,並針對不同對象(一般/會員)提供個別優惠,其中會員可享更多現金回饋。把相關內容簡化成圖示之後,應該讓人一眼就能看出自己歸屬哪個類別。

流程圖

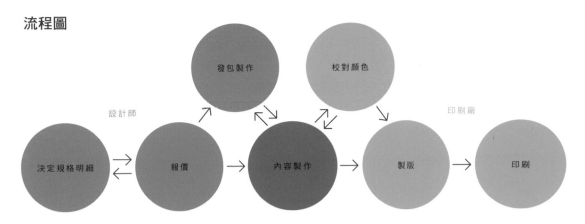

■上圖是從設計到送印的作業流程圖。設計師和印刷廠的職責範圍各以粉紅色和藍色來表示，紫色表雙方作業交集的部分。能用圖示取代長篇大論，讓人快速理解內容者，應積極採用圖示説明。

變化尺寸與形狀的圖示

以下是統計某位知名人士書架上 100本繪本的結果，其中 50 本裡有動物登場、15 本跟昆蟲有關、30 本跟車子有關，其餘 5 本跟人有關。

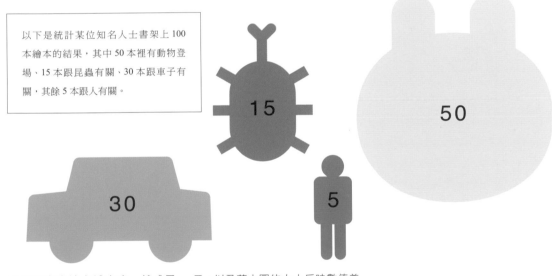

■用圖來表達上述文章，就成了這四個生動活潑的圖示，也顯示了利用對這些物體的一般印象製作圖示，以及藉由圖的大小反映數值差異的可能性，便於讀者直覺性比較不同種類的數值與分量差異。

總 結

■遇到複雜的內容陳述時，應考量能否用圖示來呈現。
■圖示化的時候要把流程和數值做得簡單易懂。

2 製作地圖

製作地圖時有幾個重點要注意,才能讓使用者簡單循圖抵達目的地。

可循圖找到目標地點的地圖

■遇到需要的時候,一般人大概會尋求網路地圖的協助,但還是有很多時候會需要應版面需求製作簡單的地圖。那麼,該怎麼做才能讓使用者很快找到目標地點呢?適度地省略周邊資訊,讓使用者清楚認知所在位置與目的地的地圖設計,需要掌握幾個重點。

■先來看到右邊上下兩個地圖。上面是利用 Google 標示目的地 A 點的地圖,雖然地理資訊正確無誤,但是因為屬於泛用地圖的緣故,資訊較多且未經整理。反觀下圖就有明確標示從車站到目的地「Office A」的路徑。

■設計師在設計地圖時很常犯的錯誤是過於簡化資訊,像是把彎曲的道路畫成直線,又或省略小路不標,結果造成使用者迷路。設計地圖時應忠實保留實際狀態,並省略不必要的資訊。

■以下是製作地圖時需要留意的六大重點。現在就來看看其內容並試作一張地圖。

· 注意線條粗細
· 不把彎曲的道路畫成直線
· 適當標示標的物
· 不可過於簡化
· 注意東南西北位置
· 注意各種標示內容

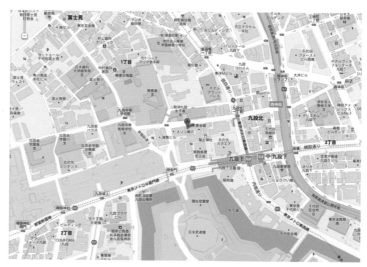

注意線條粗細

■ 道路有大有小，實際站在大馬路口和小路旁的印象完全不同，如果把所有的路都用相同粗細的線條來表現的話，有時會讓人搞不清楚所指的路為何。因此製作地圖時，應使用不同粗細的線條來反映實際道路大小。

■ 區別道路的線條並不需要很嚴謹地劃分粗細比例，只要憑印象分成 2～3 種粗細即可。最要考量的是使用者如何能夠循圖抵達目的地。比對上圖相同目的地的兩款設計，很明顯地可以看見有加入道路差異的右圖出色許多。

不把彎曲的道路畫成直線

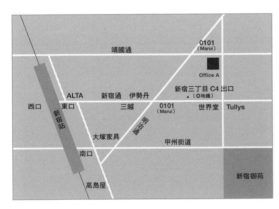

■ 有些設計師習慣用棋盤狀分布來標示地圖上所有的道路，其實這樣反而會造成困擾，使用者容易找不到地方，應避免類似情形發生。

■ 此外，道路是緩緩彎曲還是直線，也要根據實際印象描繪。比對上面兩圖，右圖仔細劃分道路的彎曲程度，比左圖容易理解的多。

適當標示標的物

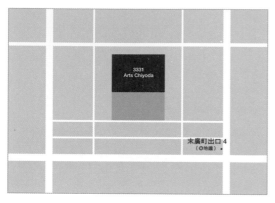

■ 繪製地圖時別忘了在幾個重要地點標示標的物，其中不能錯過的是「轉角」。遇有轉角時，務必標示附近大樓、商店或交通號誌路口的名稱，但頻繁更新的廣告，或不容易發現的看板等則不適合當標的物。

■ 地鐵站要盡量把所有的出口號碼都標出來。

■ 考慮到有些人可能會因為迷路走過頭，地圖上如能標示「看到○○就表示已走過頭」的周邊資訊，也是非常貼心的設計。

不可過於簡化

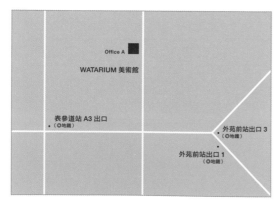

■ 道路和標的物是指引使用者前往目的地的必要資訊，應該如實反映在地圖上。擅自省略實際存在的道路或標的物，可能會讓邊數路口邊找路的使用者混亂。此外，「道路的曲直」也是找路時的重要參考依據。

■ 製作大範圍地圖時可視情況省略小路不標，但一定要標示轉角標的物或道路名稱等能夠成為指標的資訊。

注意東西南北位置

■ 地圖正上方基本上指向「北方」，有一說是根據北極星的位置而來，也有人認為是為了配合羅盤指針標示的緣故。不管如何，先把這個全球通用規則牢記在心。

■ 但也不是所有的地圖都適用「上方指北」的做法，可根據實用性調整方向，加註方位記號，讓使用者易於理解。

注意各種標示內容

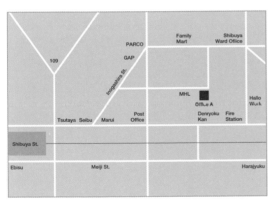

■ 很多時候，為了追求個性化，或為了配合頁面整體設計，地圖裡的道路、車站和大樓名稱全面採英文標記，對於不諳英文的使用者而言，這並不是一個好的設計方式。

■ 誠如之前多次強調的，地圖的作用在於確實引導使用者抵達目的地，標示的內容也應該針對使用者需求採用合乎需求的標記方式。

總結

■ 引導使用者抵達目的地是地圖的第一使命。

■ 整理資訊時，應設想使用者邊看圖邊找地點的情景，驗證地圖的實用性。

3 製作表格

「表格」可簡單記錄大量數值。使用表格軟體雖然可以快速製作完成，但如果是要放在排版頁面中，當然會希望呈現簡單明瞭又別出心裁的設計。

練習實作

	美國	加拿大	德國	西班牙	法國	義大利	荷蘭
1996	137	194	119	99	201	85	29
1997	137	169	133	78	198	83	24
1998	141	158	122	84	209	88	25
1999	134	163	132	72	194	85	28
2000	133	164	126	87	191	84	29
2001	127	142	132	70	175	80	24
2002	119	120	111	78	186	84	25
2003	132	146	101	68	173	73	24
2004	140	165	128	81	197	83	23
2005	130	167	110	49	177	81	22
2006	128	168	102	61	177	76	17
2007	150	143	102	69	164	74	16

■ 這是利用表格軟體製作的原始資料表。每一個儲存格都使用框線區分，而且數字整齊排列，內容簡單易懂，滿足了表格製作的最低標準。

■ 但這樣的表格卻不適合直接放在頁面使用，需要改善難以識別的缺失，並配合版面做美觀調整。

	美國	加拿大	德國	西班牙	法國	義大利	荷蘭
1996	137	194	119	99	201	85	29
1997	137	169	133	78	198	83	24
1998	141	158	122	84	209	88	25
1999	134	163	132	72	194	85	28
2000	133	164	126	87	191	84	29
2001	127	142	132	70	175	80	24
2002	119	120	111	78	186	84	25
2003	132	146	101	68	173	73	24
2004	140	165	128	81	197	83	23
2005	130	164	110	49	177	81	22
2006	128	168	102	61	177	76	17
2007	150	143	102	69	164	74	16

■ 這是根據上面表格做調整後的結果。

■ 最大的差異在於捨去框線，改用底色區分。除了增添視覺美感，也利用每行顏色濃淡的反覆標示，有助於讓視線維持在同一水平，與同行數值做比較。

區別項目與內容標示

■ 大部分的表格會把項目欄位設在上方和左方。如能讓人一眼就分辨出項目欄與內容標示，那就會是一個容易看懂的表格。

■ 區別項目欄與內容的方法包含把項目欄的框線加粗或是在標題部分塗上底色藉以突顯和內容的差異。

	美國	加拿大	德國
2003	115	87	63
2004	98	182	72
2005	127	199	71
2006	72	173	102
2007	122	179	66

	美國	加拿大	德國
2003	115	87	63
2004	98	182	72
2005	127	199	71
2006	72	173	102
2007	122	179	66

	美國	加拿大	德國
2003	115	87	63
2004	98	182	72
2005	127	199	71
2006	72	173	102
2007	122	179	66

內容簡明化

■ 用表格來呈現的原因，不外乎無法用文字陳述簡單表達所有數值，因此表格設計最重要的點在於，表格本身要能簡單明瞭。

■ 想要做出簡明的表格，必須下點功夫，例如用底色區分行或列，便於使用者比對數值。

	美國	加拿大	德國
2003	115	87	63
2004	98	182	72
2005	127	199	71
2006	72	173	102
2007	122	179	66

		美國	加拿大	合計
2003	上	115	87	379
	下	110	67	
2004	上	102	182	560
	下	98	178	
2005	上	126	199	654
	下	127	202	
2006	上	89	173	488
	下	72	154	
2007	上	122	179	596
	下	112	183	

		美國	加拿大	合計
2003	上	115	87	379
	下	110	67	
2004	上	102	182	560
	下	98	178	
2005	上	126	199	654
	下	127	202	
2006	上	89	173	488
	下	72	154	
2007	上	122	179	596
	下	112	183	

對齊數字的位數

	美國	加拿大	德國
2003	115.02	86.88	62.67
2004	97.90	182.32	72.40
2005	126.77	199.10	71.22
2006	72.10	172.43	101.69
2007	121.94	178.79	65.60

■ 表格裡的數值都代表著資訊，必須設計成有助於使用者掌握資訊的排列方式，因此所有數值的小數點位置與位數都要對齊。

總結

■ 區別項目與內容的標示，或在每一行（或列）交錯使用不同底色，便於使用者比對數值等做法，可讓表格看起來簡單明瞭。

4 製作統計圖表

統計圖表有助於將內容視覺化，並留下深刻印象。本單元帶領讀者了解如何製作各式各樣簡明，又能加深印象的統計圖表。

統計圖表的種類

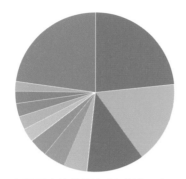

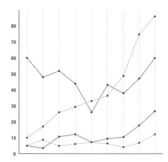

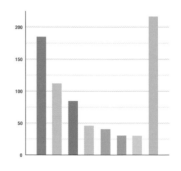

■ 在需要表達數量的時間變化、大小關係和比例等情況時，以視覺化傳達資訊的統計圖表，會比單純的文字陳述或數值排列更具訴求力。

■ 常見的統計圖表包括以扇形標示

個別項目比例，所有扇形加總起來等於100％的「圓餅圖」；利用長方形的條狀顯示數據，比較兩種數值以上的「直條圖」；把表達數量的點狀連成線的「折線圖」等。設計時

應根據比較的對象和想要傳達的資訊，選擇適合的統計圖表。

統計圖表的用色

■ 簡單的用色有助於讀者一眼就能比較個別項目的數值差異，以發揮視覺化傳達內容的效果。複雜的用色可能會妨礙訊息的解讀，因此應該盡量簡化用色，並配合版面其他要素或照片，選用合乎整體調性的顏色。

■ 使用同一色系可以維持統計圖表整體的一致性，需要局部強調的部分，則可加重色彩；如需要用到多種色彩組合時，可調和濃淡，讓整體更有美感；想要突顯其中一個項目時，也可只變更該項目的用色。以下介紹幾個範例。

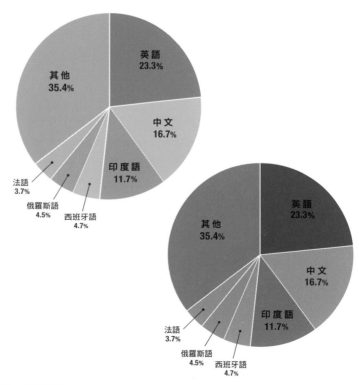

圓餅圖的基本

■ 圓餅圖是把一個圓形分割成幾個扇形，再以數值標示個別扇形面積（或圓心角、周長）所占的比例，因此所有數值加總起來是會得到一個完整的圓，即100%。

■ 圖中標示數字的字體要選清晰可辨者。若為日文字體可用哥德體，歐文的話選無襯線體。

■ 編排時要從數值大的項目，依順時針方向排起。最後剩餘的數值則全部歸屬「其他」類，即使「其他」的數值再大也要排在最後。

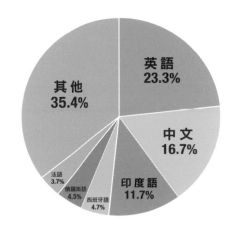

圓餅圖的文字處理

■ 圓餅圖內的標示，應該要做成數值字型大，文字與符號稍小，以方便使用者一看就能比較數值差異。

■ 圓餅圖的數值基本上要標示在扇形內，面積太小時也可放到圖的外面，但要拉線指出數字所代表的區塊。

■ 當圓餅圖外有多組數值標示時，要像右圖一樣盡可能對齊數字位數、框線角度、數字間隔，以及文字的位置等。

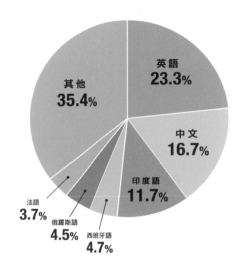

標明總數的情況

■ 圓餅圖是用來比較個別項目構成比例的統計圖示，加總為100%，因此不會特別標示數據總和。但也有像右下圖一樣，在圓的中心標明總數的情況。

強調個別項目的時候

■ 另一種是針對部分比例和數值做說明時，可把該部分扇形從圓餅圖中抽離出來。譬如把喜好的披薩種類問卷調查結果做成圓餅圖時，若只想強調其中最受歡迎的種類，便可使該塊扇形從圓中分離。

■ 根據企畫內容，還可用披薩或蛋糕等圓狀物體做為背景，增添圖示樂趣。

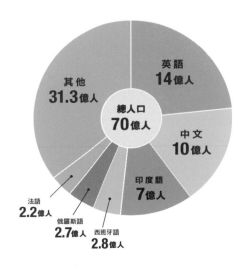

長條圖的基本

■ 長條圖是利用長方形的條狀來表現數值，此種方法適合用在兩者以上的比較。軸標示數值，橫軸表類別（以右圖來說是國名），若是用在表現現象的時間序列變化，橫軸則可放入時間、日期和年份等訊息。

■ 請看右邊上方的長條圖，不但數值不明顯，也難以比較其中差異，並非好的設計。

■ 再看看中間的圖示設計，在背景放入縱軸區隔線，突顯個別項目的數值區間。也可在長條區塊上標示數字，清楚顯示各類別數值。

■ 利用長條圖反映各地人口、稻米或蔬菜收成量時，可結合地圖來表現。

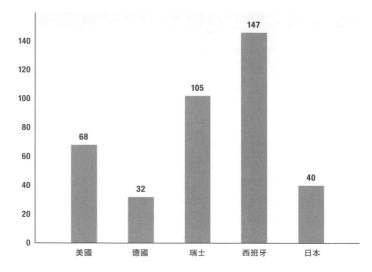

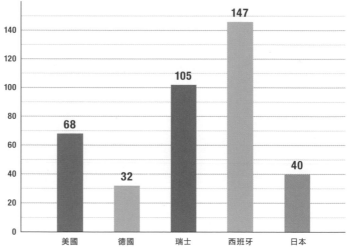

堆疊長條圖

■ 想用時間序列來比較同一類別不同數值的加總，或是總體的占比時，堆疊長條圖是個有效的表達方式。

■ 除了可用不同顏色區別數據種類，還可在個別數據的頂點之間拉線，便於了解不同時期的數值變化。

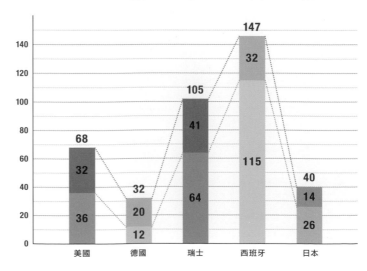

折線圖的基本

■ 折線圖是串連縱軸與橫軸數值交集的點所形成的圖表，適合用來比對不同類別的數值變化與數據推演，多以縱軸表示數量，橫軸表示時間。

■ 根據數據標示成點，再將各點連成線的折線圖，很容易觀察點和點之間的變化。

■ 綜合各種資訊的折線圖，可用不同顏色但樣式相同的線條來區分類別，並在圖的外側標明資訊類別。

■ 折線圖的數據推演也可用堆疊成「面」的方式來表現（右下圖）。

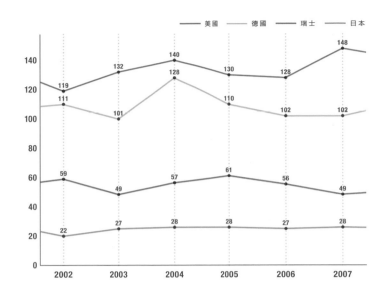

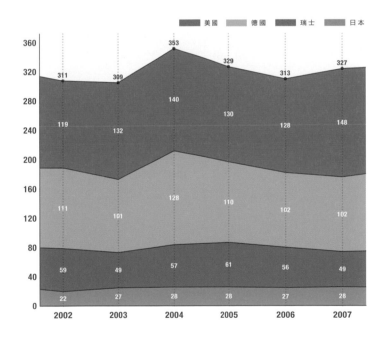

總 結

■ 根據想要表達的內容選用適當的統計圖表。

■ 明確標示比較項目的數值。

CHAPTER 5

色彩選擇與配色

1 色彩的種類

萬物皆有色，照片和插圖也不例外。「色彩」是排版設計裡不可或缺的一環，本單元帶領讀者認識色彩，了解如何用色。

色彩的基本

■「色彩」是指物體反射太陽光進入眼中的光線波長，形成紅、橙、黃、黃綠、綠、藍、靛，如彩虹般的連續光譜，其波長也成為人腦辨識顏色的依據。自然界存在無盡的顏色，為了盡可能重現這些顏色，使用的是「色光」（RGB）和「色料三原色」（CMY）兩種方式。

■右上圖是「色光三原色」（RGB）示意圖，利用紅（Red）、綠（Green）、藍（Blue）三種基本色，混合成多元色彩。一般電腦螢幕便是用這種方式重現自然界色彩。

■下圖是「色料三原色」，利用青綠（Cyan）、洋紅（Magenta）和黃色（Yellow）三種顏料混合成各種顏色，繪圖顏料和印刷也是用這種方式調色。CMY 混在一起之後會變成黑色，卻無法重現純黑的狀態，因此印刷時多用黑色墨水（K）來取代。

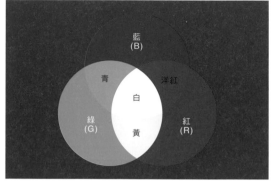

RGB

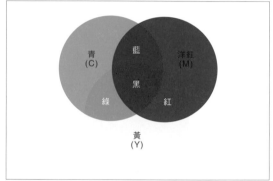

CMYK

彩度

■彩度指色彩「鮮豔」的程度。彩度愈高愈接近原色，調到最大值時為純色，反之調到最低時就變成無彩色（黑、白、灰色）。

■利用單一顏色濃淡變化來表現的圖像或是所謂的黑白照，其實是把顏色的彩度調整成零的狀態。

■看到右圖，把 C100％的彩度調成零之後變成 K59％、Y100％→ K10％、C100％ M100％→ K91％。這也是為什麼藍色看起來厚重（濃），而黃色相對輕薄的原因。

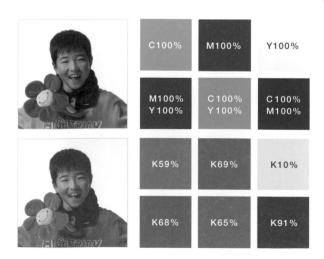

色相

■ 色相是指紅、黃、綠、藍和紫等顏色差異，而所有顏色都是用色光或色料的三原色混合模擬而成。

■ 右上圖是 RGB 混色示意圖。電腦便是將 RGB 三原色各分成 0～255 的 256 階，組成約 1678 萬顏色（256 的 3 次方）。舉例來說，想要顯示「藍紫色」的時候可把 RGB 設為 R0：G0：B255，這種方式讓我們能簡單透過組合設定，重現接近自然界的某種色彩。

■ 下圖為 CMY 混色示意圖。CMY 三原色的最大值各是 100，中央白色區塊的數值組合為 C0：M0：Y0，綠色則以 C100：Y100 來呈現。

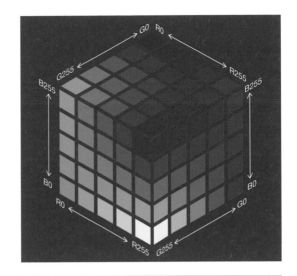

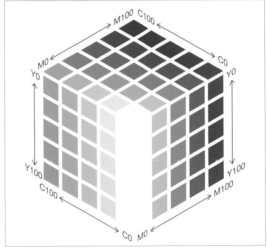

明度

■ 明度是色彩明暗的程度。明度為 100% 時是白色，0% 為黑色。

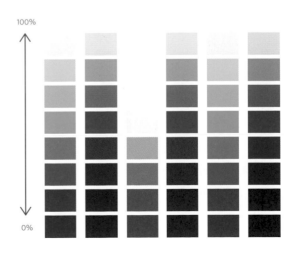

中性色

■ 中性色是介於原色中間的顏色，亦即利用 CMY 調製的顏色，或是在原色中加入黑、白、灰等無彩色形成的顏色。

■ 說起來，電腦螢幕和印刷能呈現的，不過是模擬自然界無盡的色彩裡接近的顏色。

■ 從下表可以看出，<u>在 CMY 三原</u><u>色加入 K（黑色）之後可複製出為</u><u>數驚人的顏色</u>，因此用 CMYK 來思考顏色將有助於駕御色彩。

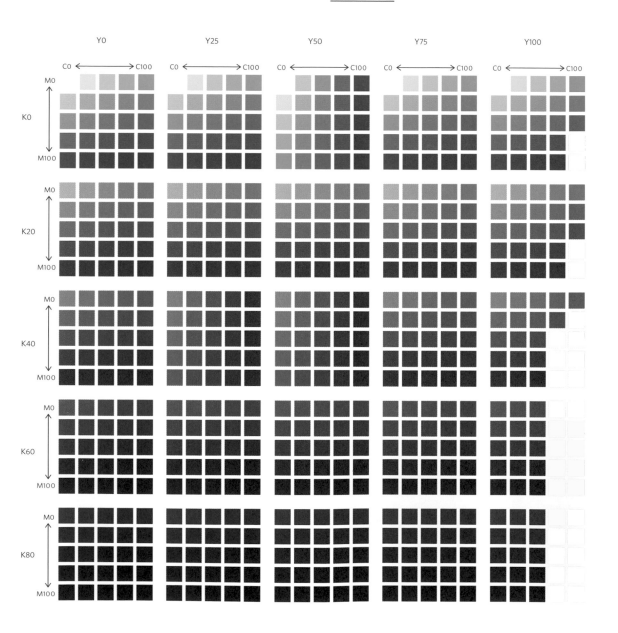

常用色系

■ 之前提到幾乎所有的顏色都可用 CMYK 來呈現，那我們日常看到的顏色又是用了哪些組合？

■ 印刷時最常用來表現紅色的是 M100+Y100 的組合，橘色為 M50+Y100，藍為 C100+M50，炭灰是 C5+Y15+K80，鼠灰色是 K70 等。

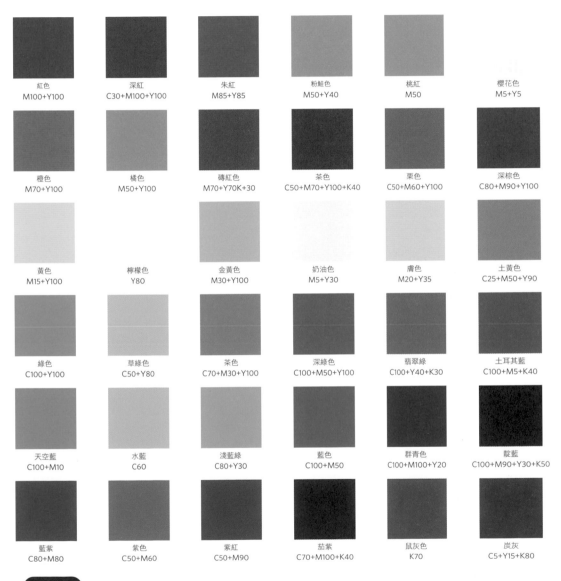

紅色 M100+Y100	深紅 C30+M100+Y100	朱紅 M85+Y85	粉鮭色 M50+Y40	桃紅 M50	櫻花色 M5+Y5
橙色 M70+Y100	橘色 M50+Y100	磚紅色 M70+Y70K+30	茶色 C50+M70+Y100+K40	栗色 C50+M60+Y100	深棕色 C80+M90+Y100
黃色 M15+Y100	檸檬色 Y80	金黃色 M30+Y100	奶油色 M5+Y30	膚色 M20+Y35	土黃色 C25+M50+Y90
綠色 C100+Y100	草綠色 C50+Y80	茶色 C70+M30+Y100	深綠色 C100+M50+Y100	翡翠綠 C100+Y40+K30	土耳其藍 C100+M5+K40
天空藍 C100+M10	水藍 C60	淺藍綠 C80+Y30	藍色 C100+M50	群青色 C100+M100+Y20	靛藍 C100+M90+Y30+K50
藍紫 C80+M80	紫色 C50+M60	紫紅 C50+M90	茄紫 C70+M100+K40	鼠灰色 K70	炭灰 C5+Y15+K80

總結

■ 顏色有色相、明度和彩度的分別。

■ CMYK 可調製成各種顏色。

2 印刷色彩

印刷用色分成可用 CMYK 混調以及特殊調製的特別色兩種，本單元介紹印刷使用的顏色。

印刷色與特別色

■ 上一單元提到 CMYK 幾乎可以複製所有顏色。印刷便是利用 <u>CMYK</u> 調色來表現照片、文字和圖片色彩，因而有「<u>印刷色</u>」之稱。

■ 無法用 CMYK 調製出來的顏色，如金色、銀色、珍珠色和螢光色等，就必須使用特殊油墨來上色，這些顏色統稱「<u>特別色</u>」。

■ 進行特別色印刷時，需參考像右圖的色卡來指定油墨的顏色。日本油墨製造大廠 DIC 和美國 PANTONE 公司等生產的油墨各有特色。

多元的金色色卡

DIC 標準色卡

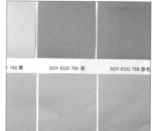

各種金屬色

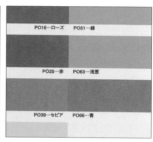

各種不透明油墨

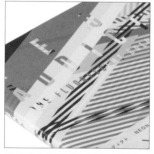

該範例使用 CMYK 無法調製的「螢光色」印刷，因此色彩遠比一般來得光鮮亮麗。

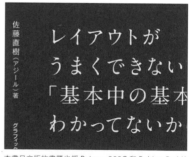

本書日文版的書腰也採 Patone 803C 和 Rubine Red 特別色印刷。黃中帶螢光效果的色彩是 CMYK 無法達到的。

珍珠色和不同光線下產生顏色變化的偏光珍珠色也是 CMYK 無法調製的特別色。

白色也是無法用 CMYK 呈現的代表色。該範例是在牛皮紙做成的書籍封面上打印白色不透明油墨。

黑色表現

■前面提到黑色印刷應該使用黑色油墨（K），但如果要刷出比 K100％更深的黑色，可以在 K100％的部分加上 CMY 其他顏色。這種 CMYK 疊印的黑色就叫「四色黑」。

■四色黑一般用疊墨的方式印刷，墨色不容易乾，可能造成印刷品質不良，必須把 CMYK 總值設在 320％以下。

■套版失準的時候可能會露出白版，應盡量避免在細部文字指定四色黑印刷。

■輸出低明度色彩時可用 CMY 調色或是調整 K 的比例。這兩種方式表現出來的顏色有所差異，指定時應多加注意。

調整 K 的比例≒用 CMY 調色降低明度

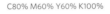
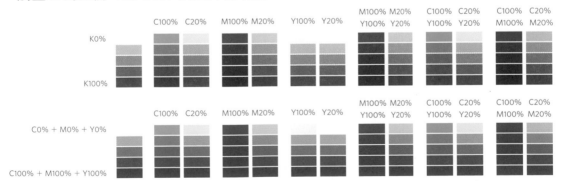

總 結

■印刷套色分成印刷色和特殊色兩種。

■想要輸出更具深度的黑色可考慮四色黑印刷。

3 色彩印象

顏色帶給人溫暖、冰冷、華麗和樸素等感受，排版的時候應善用色彩帶給人的印象。

對比印象

■ 經常聽到「紅色有溫暖，反之藍色帶有冰冷印象」的說法，說明了顏色不僅讓人產生聯想，也會影響心理的感受。在無盡的色彩中挑選用色時，應先參考顏色帶給人的印象，避免漫無目的地選色。

■ 以下整理互為對比的色彩印象。以「剛硬 vs 柔軟」來說，彩度與濃度高的顏色具有強悍的印象，彩度低而淡薄的顏色顯得柔和。再舉「熱鬧 vs 安靜」為例，偏紅色、橘色與黃色系者感覺繽紛熱鬧，反之偏向藍色、紫色則被一股靜默所包圍。根據印象選色可得到好的編排效果。

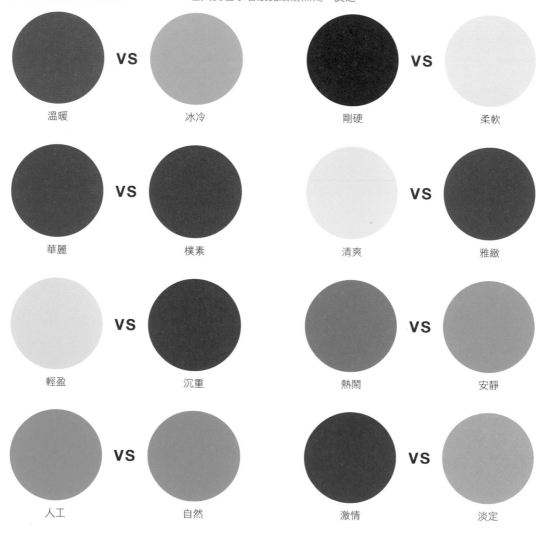

| 溫暖 | vs | 冰冷 | | 剛硬 | vs | 柔軟 |

| 華麗 | vs | 樸素 | | 清爽 | vs | 雅緻 |

| 輕盈 | vs | 沉重 | | 熱鬧 | vs | 安靜 |

| 人工 | vs | 自然 | | 激情 | vs | 淡定 |

冷暖色系

■ 顏色的印象會因人和文化而異，但冷暖色系則是一般公認印象。

■ 暖色系指以紅色為中心色相的顏色，因其讓人聯想到太陽與火焰；冷色系是以讓人聯想到水和冰的藍色色相為主。

■ 就心理學而言，暖色系具有激發情緒，促進食慾的效果；反之，冷色系除了鎮定，也會讓人食慾減退。

暖色系　　　　　　　　　　　　　　　　冷色系

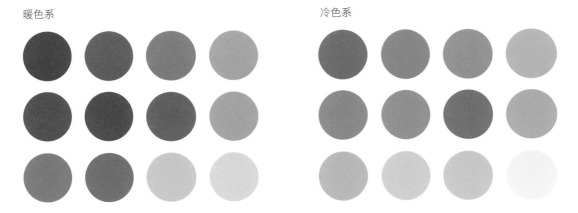

華麗與樸素

■ 什麼顏色具有華麗或樸素的印象？一般來說，彩度與明度高且接近原色的色彩，愈容易散發華麗的氣息。素色則多半指彩度和明度低的顏色。

■ 比較華麗與樸素的色相也可以得到這樣的結論：暖色系看起來華麗而冷色系顯得樸素。

華麗　　　　　　　　　　　　　　　　　樸素

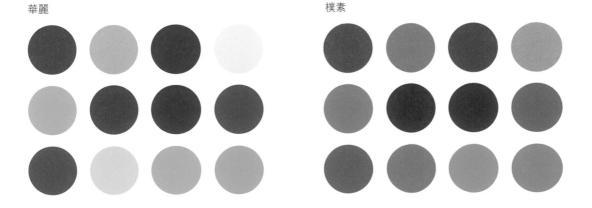

總結

■ 注意並善用顏色帶給人的印象。

4 決定單色

編排色彩的時候，很難一開始就能駕御多重顏色，不妨先從單色用起，觀察顏色帶來的印象差異，磨鍊用色技巧。單色上彩會強力突顯顏色本身的印象。

紅色

■ 先來試試紅色。雖然創作考量與設計目的會引響對該色的感受性，但紅色確實具有極為強烈、熱情又能激發情緒的印象，可應用在希望引人注目、帶來強烈印象的時候。又，紅色會誘發鮮血的聯想，也被視為是讓人興奮的顏色。

白底紅字

グラフィック社

紅底白字

グラフィック社

M100+Y100

藍色

■ 接下來是藍色，有人覺得這是夜空、是深海的顏色。讓人想到雨、水的藍色，滲出一股冰鎮靜謐的氛圍，帶有沈穩、潔淨的印象，也用來表達悲傷和寂寞。

白底藍字

グラフィック社

藍底白字

グラフィック社

C100+M75

黃色

■ 明度高的黃色具有明亮、開放的印象，也被用在提醒危險與注意的場合，例如大家都知道的黃燈信號等。可先把黃色視為突顯注意的顏色。

白底黃字

黃底白字

綠色

■ 象徵樹木的綠色，廣泛帶有環保的意思，而新綠的印象也帶來成長與活力的聯想。綠色還具有療癒的印象，產生平靜內心、放鬆與舒緩情緒的作用。

白底綠字

グラフィック社

綠底白字

グラフィック社

C100+Y100

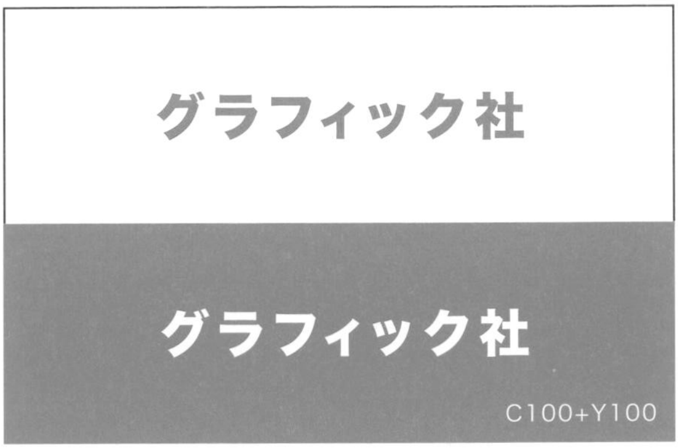

黑色

■ 被稱為「無彩色」的黑與白，其實也是顏色的一種。從右圖白底黑字和黑底白字的示例便能看出僅將顏色對調也能產生截然不同的印象，無論使用哪種底色都能讓人留下強烈印象。黑色本屬中性色，可用來客觀傳達資訊，又其高貴莊嚴的印象，也被用在婚喪喜慶等儀式。

白底黑字

グラフィック社

黑底白字

グラフィック社

K100

紫色

■ 由紅藍兩色混成的紫，是中間色裡帶有特殊印象的顏色，具有高貴又經常被用來展現妖艷的兩面性，被認為是難以駕御的顏色。

白底紫字

グラフィック社

紫底白字

グラフィック社

C75+M100

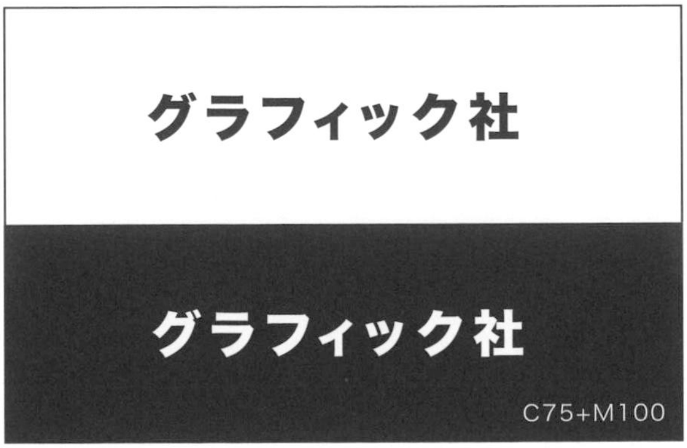

總結

■ 選擇顏色的時候，先從單色下手，觀察其印象變化。

利用單色擴張印象的「紅」

赤（紅色）從象徵鮮血又衍生出元氣、活力和力量等表徵，混合黃色與藍色之後能變化出不同印象。

❶赤

M100+Y100

在日本印刷業又有「金赤」之稱，是非常出名的顏色。一眼就能看出比❷來得明亮，可謂純淨、明快的紅色。

❷深紅

C20+M100+Y100

比❶更濃，加深紅色印象。

❸朱色

M80+Y100

比❶更偏橘色。

❹橙色

M50+Y100

比❸更偏黃色，充滿活力和精力。

❺鮮紅

M100+Y40

跟❸和❹的橘色印象不同，是紅色裡接近粉紅的顏色。

❻粉紅

M80

少了黃色要素之後形成獨特的粉紅，異常豔麗，也流露出一絲華麗而不實的感覺。

❼粉鮭色

M70+Y55

名副其實的鮭魚色，具從容、雅緻與活力印象。

❽赤茶色

C50+M100+Y100

帶有紅磚印象，經常用在溫暖、平靜、懷舊並帶有一種安定感的場合。

總結

■ 紅色讓人感覺親切而溫暖，是象徵元氣、生命力與華麗印象的色彩之一。

■ 加入黃色能製造輕快活潑的印象，除去黃色則能展現艷麗奪目的一面。

6 利用單色擴張印象的「藍」

藍色是代表天空和大海等清爽印象的顏色，在群色之中具高度好感，亦不帶負面印象。

❶藍

C90+M50

比天空還要藍，正可謂藍色的印象，象徵聰明、清爽與活潑。

❷鈷藍

C100+M65

比❶更濃、更鮮豔，讓人聯想到深海。

❸空色

C80+M25

比❶還要輕淡，感覺更爽朗，產生年輕、潔淨的聯想。

❹水色

C70

增加藍色明度之後，印象也變得輕快起來。

❺土耳其藍

C100+M5+Y30

藍色之中加入黃色要素可展現獨特的存在感，不帶華麗卻留下深刻印象。

❻群青色

C85+M70+Y35

藍色之中更顯沉著穩定的顏色。

❼海軍藍

C95+M100+Y30

增加紅色要素，散發特殊豔麗感受。

❽深藏青色（濃紺）

C100+M100+K70

藍色裡最深的顏色，帶有深夜的沉著與靜肅，也給人傳統和敦厚的印象。

總結

- ■ 藍色是帶有平靜、清爽與寂然等印象的顏色之一。
- ■ 提高明度之後更顯清爽，降低明度則轉為從容、持重的印象。

利用單色擴張印象的「黃」

黃色是明亮奪目的顏色,在其中加入紅色或藍色會產生印象變化,濃度愈高愈是蘊含一股安定的力量。

❶黃色

Y100

光彩奪目的黃色,帶來明亮與突出的印象,也被利用在警告標誌,喚起對危險的注意。

❷向日葵

M20+Y100

開朗的花卉印象。在❶加入紅色的同時也增添溫暖與柔和的感受。

❸山吹
(棣棠花色)

M35+Y100

比❷更添紅色,印象近似柑橘,是紅色裡幾乎要被視為黃色的顏色。

❹檸檬

C5+Y80

稍微調低❶的黃色強度,變成慣見的輕淡柔和。

❺奶油

Y40

貼近白色的柔和印象。添加紅色之後愈傾向中間色,變得更柔和。

❻芥末

C10+M20+Y100

在❸裡加入藍色,增添顏色濁度,也散發一股優雅平靜的感受。

❼土黃色

C20+M35+Y100

讓人聯想到土壤與大自然,帶來平靜,也產生秋天的聯想。混合CMY之後可以增添安定的印象。

❽生成色
(未經漂白的白色)

M5+Y20

最接近白色的自然色。在書籍的本文內頁被視為白色。

總結

■ 黃色為高濃度、明亮、鮮豔奪目又能引發注意的顏色。
■ 增添其他顏色產生濁度之後能形成安定感,淡化之後又成為接近自然的白色印象。

8 利用單色擴張印象的「綠」

綠色能產生自然和環境的聯想，帶來淡定與沉著的感受，並可隨混調的顏色變化出萬種風情。

❶綠色

C100+Y100

該色正可謂綠色代表，但流露出超越植物，偏向礦物與人工的印象·比起自然，人為感受更強烈。

❷黃綠色

C50+Y100

象徵自然界植物的顏色，與年輕具生命力的印象重疊。

❸翡翠綠

C70+Y45

排除紅色之後轉為偏向礦物冰冷的高雅色彩。

❹若草色

C25+Y90

強烈的黃色調帶來新芽的印象，充滿年輕光彩。看起來泛螢光。

❺苔蘚綠

C55+M20+Y100

加入紅色，蘊釀出一股平靜感受，讓人聯想到自然界裡經歷長久時間的植物。

❻薄荷綠

C40+Y55

混合了輕快柔和與爽朗的顏色。

❼橄欖綠

C75+M60+Y100

展現雅緻、從容與鎮靜。

❽深綠

C90+M70+Y100

具有林間深處、常綠樹和持重淳厚的印象，傳達出剛強的氣息。

總結

■ 象徵自然界植物的綠色能帶來安心與沉靜的印象。

■ 添加黃色能彰顯年輕氣息，隨混色程度增加，色彩也愈顯沉著落定。

利用單色擴張印象的「紫」

混合紅與藍的紫色,具有高貴和豔麗的雙重印象,使用時應注意該色會隨混色對象大幅改變給人的印象。

❶紫色
C75+M100
具妖豔、高貴的印象。

❷菫色
C60+M60
藍色調性濃厚的紫色。在紫色特有的印象中屬柔和,令人產生愛憐。

❸紫紅
C55+M100
豔麗、花俏而帶點庸俗的妖豔印象。

❹藍紫
C85+Y80
堅實與屹立不搖的正直感受。

❺酒紅
C55+M100+Y70
深沉穩重的紫紅,豔麗中不失大方,具高貴奢華的印象。

❻藤色
C40+Y50
高雅之中帶有親切感受。

❼薄紫
C25+M40
高雅淡然的顏色。

❽小豆色
C75+M100+Y70
從容雅緻,具傳統與守舊的印象。

總結

■ 紫色是同時具有妖豔與高貴印象的特殊色彩。
■ 加入紅色會增添妖豔程度,愈往藍色靠近愈顯露誠實的印象。

10 利用單色擴張印象的「黑」

單色能引發各種聯想，現在就來看看單色的濃淡與色調變化之間，能帶來多大的印象變化。

黑

■ 先從黑（墨）的濃淡變化，思考黑色的多樣性。在第141頁提到黑色屬不偏不倚的中性色，但也會隨著濃渡淡化而產生柔和的灰色印象，因此灰色可視為黑色表現的一環。

グラフィック社 グラフィック社	グラフィック社 グラフィック社	グラフィック社 グラフィック社	グラフィック社 グラフィック社
K100 R0+G0+B0	K75 R102+G100+B100	K50 R159+G160+B160	K25 R211+G211+B212

帶紅的黑

グラフィック社 グラフィック社	グラフィック社 グラフィック社	グラフィック社 グラフィック社	グラフィック社 グラフィック社
M100+Y100+K100 R0+G0+B0	M100+Y100+K75 R94	M100+Y100+K50 R145	M100+Y100+K25 R191+B8

帶綠的黑

グラフィック社 グラフィック社	グラフィック社 グラフィック社	グラフィック社 グラフィック社	グラフィック社 グラフィック社
C100+Y100+K100 G5	C100+Y100+K75 G63+B14	C100+Y100+K50 G100+B40	C100+Y100+K25 G130+B57

帶藍的黑

グラフィック社 グラフィック社	グラフィック社 グラフィック社	グラフィック社 グラフィック社	グラフィック社 グラフィック社
C100+M55+K100 B18	C100+M55+K75 G29+B47	C100+M55+K50 G59+B115	C100+M55+K25 G81+B149

總結

■ 降低黑色濃度後印象轉柔和。

■ 帶有紅、黃要素的黑色令人感覺溫暖，帶綠或紫色調性的黑流露出高貴氣息，混入藍色則帶有冷酷的印象。

11 色彩組合

實際編排設計的過程中，比起單色更常用到多重色彩組合。
了解顏色的特徵才能得到出色的搭配效果。

各種對比印象

■右邊是不同彩度的色相環。一般
會從多於色相環數倍，多到數不完
的顏色中挑選幾種顏色使用，首先
從兩色的搭配看起。

■挑選配色時，首先要根據頁面
的企劃內容或對象來選擇合適的色
彩，可以同時參考第 138 頁〈色彩
印象〉的相關說明。

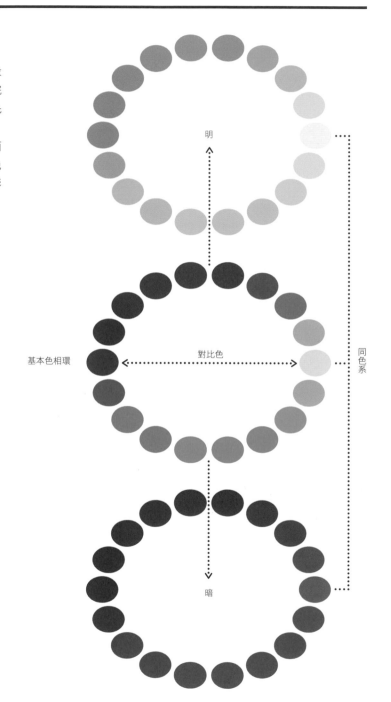

明

對比色

基本色相環

同色系

暗

同色系搭配

■「同色系」配色可維持版面的一貫性與安定感。相同顏色經由彩度、明度和K（黑色）的濃淡調整，可延伸出多種色彩，就算大量使用也能維持一定的協調性。但這種趨於一致性的穩定配色，從另一方面來說也可能產生單調保守的印象，應多加注意。

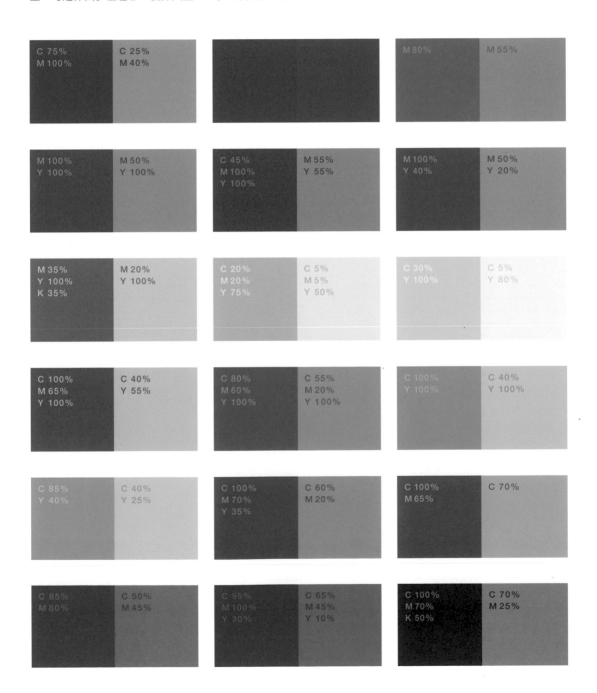

對比色搭配

■用色相環裡直線兩端的「對比色」進行配色，可達到比同色系組合更引人注目，留下深刻印象的效果。

■從提高又或降低彩度的色相環中挑選顏色組合時，即使是對比色，也不及基本色相環中對比的色彩組合來得強烈，可參考右下圖。

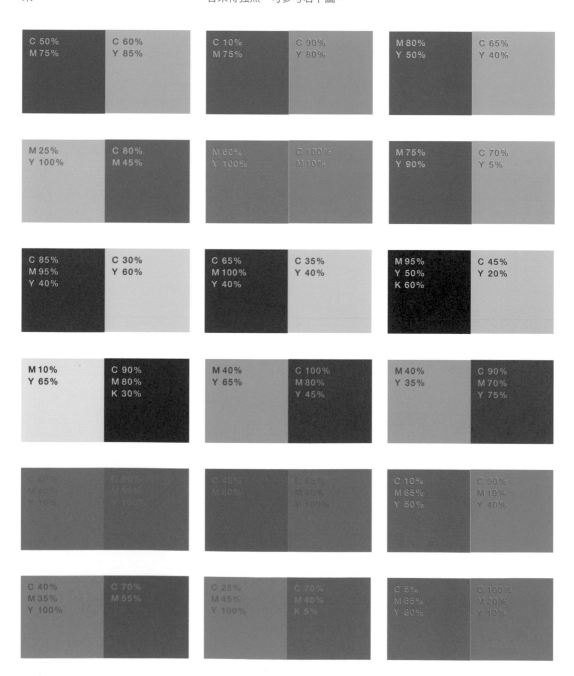

偏離同色系和對比的配色

■ 使用非同色系，亦非對比色進行搭配時，作者常採用的是稍微偏離同色系或對比色的組合。由於同色系或對比色的搭配已是慣見的組合，稍微偏離常見的色系或對比用色，反而可以帶來新鮮感。

稍微偏離同色系的配色

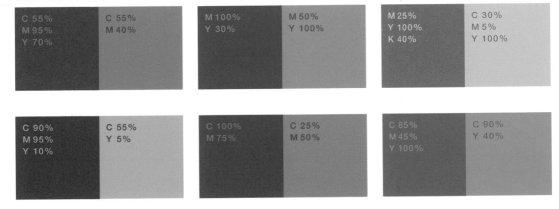

稍微偏離對比色的配色

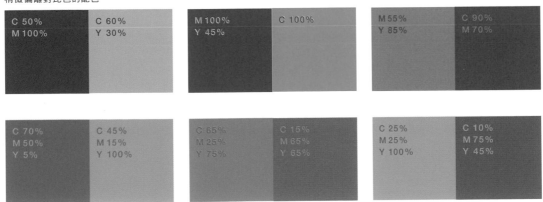

總結

■ 選擇顏色搭配的時候，有同色系、對比色，以及稍微偏離前兩種組合等方式可行。

12 底色與文字顏色

編排本文的時候偶爾也會遇到需要配合底色進行套色的情形。這時應如何選用底色與文字顏色組合，才能讓讀者留下深刻印象又不至影響到閱讀的舒適性？

淺色底搭配深色文字

■ 本文文字的必要條件是要讓人看得舒適流暢。那麼，應該如何選擇適合閱讀的配色？最佳組合為白底黑字，因為這兩種顏色存在明度差異。舉右圖而言，底色和文字沒有明度差異，反而造成高度文字辨識障礙。

■ 以下介紹幾個明度差異的顏色組合編排範例。淺色底搭配深色文字的組合，不但可提升閱讀的舒適性，還能傳達顏色的印象。而這也是本文套用顏色時的基本要件，應牢記在心。

康帕內拉舉起手來，接著

其他四五個學生也舉高手；喬班尼也想舉手回答，勿促間又把手放了下來。那時大家的確都說那是星星，喬班尼也曾在雜誌裡看過同樣的文章，

底色 C10 ／文字色 C10+M10+Y100

康帕內拉舉起手來，接著其他四

五個學生也舉高手；喬班尼也想舉手回答，勿促間又把手放了下來。那時大家的確都說那是星星，喬班尼也曾在雜誌裡看過同樣的文章，但

不知怎麼的，當時的喬班尼每天在教室裡也直想睡覺，即使有空可以看個書也沒書可看，感覺好像對什麼事都無法深入了解。

底色 C2+M2+Y3 ／文字色 K100

康帕內拉舉起手來，接著其他四

五個學生也舉高手；喬班尼也想舉手回答，勿促間又把手放了下來。那時大家的確都說那是星星，喬班尼也曾在雜誌裡看過同樣的文章，但

不知怎麼的，當時的喬班尼每天在教室裡也直想睡覺，即使有空可以看個書也沒書可看，感覺好像對什麼事都無法深入了解。

底色 C2+M2+Y10 ／文字色 C60+M60+Y800

康帕內拉舉起手來，接著其他四

五個學生也舉高手；喬班尼也想舉手回答，勿促間又把手放了下來。那時大家的確都說那是星星，喬班尼也曾在雜誌裡看過同樣的文章，但

不知怎麼的，當時的喬班尼每天在教室裡也直想睡覺，即使有空可以看個書也沒書可看，感覺好像對什麼事都無法深入了解。

底色 Y60 ／文字色 K100

康帕內拉舉起手來，接著其他四

五個學生也舉高手；喬班尼也想舉手回答，勿促間又把手放了下來。那時大家的確都說那是星星，喬班尼也曾在雜誌裡看過同樣的文章，但

不知怎麼的，當時的喬班尼每天在教室裡也直想睡覺，即使有空可以看個書也沒書可看，感覺好像對什麼事都無法深入了解。

底色 M30+Y30 ／文字色 K100

康帕內拉舉起手來，接著其他四

五個學生也舉高手；喬班尼也想舉手回答，勿促間又把手放了下來。那時大家的確都說那是星星，喬班尼也曾在雜誌裡看過同樣的文章，但

不知怎麼的，當時的喬班尼每天在教室裡也直想睡覺，即使有空可以看個書也沒書可看，感覺好像對什麼事都無法深入了解。

底色 C10 ／文字色 C90+M40+Y40

康帕內拉舉起手來，接著其他四

五個學生也舉高手；喬班尼也想舉手回答，勿促間又把手放了下來。那時大家的確都說那是星星，喬班尼也曾在雜誌裡看過同樣的文章，但

不知怎麼的，當時的喬班尼每天在教室裡也直想睡覺，即使有空可以看個書也沒書可看，感覺好像對什麼事都無法深入了解。

底色 C10+Y25 ／文字色 M80+Y80

深色底搭配淺色文字

■ 不同於第 152 頁，採用深色背景的時候又會出現怎樣的情況？以下是在深色背景搭配不同明度文字顏色的範示。

■ 把背景鋪成深色會大大強化版面印象，一般來說不適用在長篇閱讀的本文部分，多用<u>在藉由顏色印</u>象突顯主題或是商品包裝等場合。

■ 選用深色背景的時候要特別注意，如果選的是和文字濃度接近的顏色（如右圖），會導致文字極難辨識的結果，應選用背景和文字兩相對襯的顏色。

底色 C100+M70 ／文字色 C60+M60+Y80

康帕內拉舉起手來，接著其他四

五個學生也舉高手；喬班尼也想舉手回答，勿促間又把手放了下來。那時大家的確都說那是星星，喬班尼也曾在雜誌裡看過同樣的文章，但

不知怎麼的，當時的喬班尼每天在教室裡也直想睡覺，即使有空可以看個書也沒書可看，感覺好像對什麼事都無法深入了解

底色 C80+M80+Y80+K80 ／文字色 K30

康帕內拉舉起手來，接著其他四

五個學生也舉高手；喬班尼也想舉手回答，勿促間又把手放了下來。那時大家的確都說那是星星，喬班尼也曾在雜誌裡看過同樣的文章，但

不知怎麼的，當時的喬班尼每天在教室裡也直想睡覺，即使有空可以看個書也沒書可看，感覺好像對什麼事都無法深入了解

底色 C60+M60+Y60+K60 ／文字色 K30

康帕內拉舉起手來，接著其他四

五個學生也舉高手；喬班尼也想舉手回答，勿促間又把手放了下來。那時大家的確都說那是星星，喬班尼也曾在雜誌裡看過同樣的文章，但

不知怎麼的，當時的喬班尼每天在教室裡也直想睡覺，即使有空可以看個書也沒書可看，感覺好像對什麼事都無法深入了解。

底色 M70+Y100 ／文字色 CMYK0（白色）

康帕內拉舉起手來，接著其他四

五個學生也舉高手；喬班尼也想舉手回答，勿促間又把手放了下來。那時大家的確都說那是星星，喬班尼也曾在雜誌裡看過同樣的文章，但

不知怎麼的，當時的喬班尼每天在教室裡也直想睡覺，即使有空可以看個書也沒書可看，感覺好像對什麼事都無法深入了解。

底色 C90+M30+Y90 ／文字色 CMYK0（白色）

康帕內拉舉起手來，接著其他四

五個學生也舉高手；喬班尼也想舉手回答，勿促間又把手放了下來。那時大家的確都說那是星星，喬班尼也曾在雜誌裡看過同樣的文章，但

不知怎麼的，當時的喬班尼每天在教室裡也直想睡覺，即使有空可以看個書也沒書可看，感覺好像對什麼事都無法深入了解。

底色 C100+M70 ／文字色 C30+M10

康帕內拉舉起手來，接著其他四

五個學生也舉高手；喬班尼也想舉手回答，勿促間又把手放了下來。那時大家的確都說那是星星，喬班尼也曾在雜誌裡看過同樣的文章，但

不知怎麼的，當時的喬班尼每天在教室裡也直想睡覺，即使有空可以看個書也沒書可看，感覺好像對什麼事都無法深入了解。

底色 C70+M60 ／文字色 Y90

總 結

■ 選用背景和文字形成對比的顏色。

13 照片、插圖與文字顏色的關係

為頁面裡的文字上色時，要同時考量文字與照片、插圖等其他圖像要素之間的關係。

白與黑

■在〈圖片與文字〉（第108頁）和〈底色與文字顏色〉（第152頁）等單元裡提到，背景和文字顏色比須呈現對比關係。那麼，為文字上色時，應挑選什麼樣的顏色？

■在以照片或插圖為主的版面裡，文字應選用無色彩的黑與白。原因是照片和插圖本身就含有豐富的色彩資訊，搭配無色彩的文字經常可以得到更好的效果。

為彰顯版面裡的照片，可以像上一排圖例用墨黑，或是像下一排用鏤空的方式把文字做成無色彩。

使用照片或插圖裡有的顏色

■ 以下是套用照片和插圖裡的顏色做為文字色彩的範例。為增強對比，做了彩度與明度調整，但整體屬同一系色關係，仍能維持版面印象的統一。

這張海報以傍晚時分映射雲彩變化的照片做為主視覺，從中抽取藍與橘色做為文字顏色。（「Festival Tokyo 2011」海報）

左圖以照片主要顏色的藍做為文字顏色。（《ART iT No.24》封面）
右圖取照片中醒目的紅帽顏色做為主題文字顏色。（DAZED & CONFUSED JAPAN #55 MARCH 2007 P030-031 發行／CAELUM 販售／TRANS MEDIA）

使用跟照片或插圖相同色系的顏色

■ 使用跟照片或插圖相同色系的顏色，會得到近似前述「套用照片或插圖裡的顏色做為文字色彩範例」的印象，卻能帶出不同於直接套用顏色的深度含義。

插圖用的是淡藍色，但文字使用加強藍色印象的同一色系。不直接套用插圖顏色的原因在於從插圖廣闊的用色面積和文字適閱性來看不適合這麼做。（《ART iT No.2》封面）

在奶油色背景放入套用同色系的綠色標題。（出自《地雷を踏む勇気》）

由於照片裡的燈光是泛紅的黃色，為強化背景的對比關係，特意在文字的黃色中移除紅色要素。（出自《はじまりの対話》）

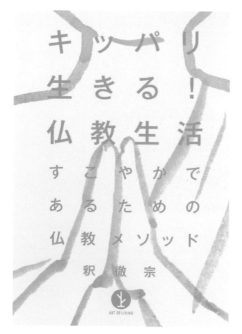

使用照片和插圖的對比色

■在〈對比色搭配〉以及〈偏離同色系和對比的配色〉等單元（第151頁）裡也提到，使用照片或插圖的<u>對比色</u>，可突顯文字的存在，並可同時帶出文字和插圖的特色。

左上：藍色系插圖搭配紅色主題的範例。文字與插圖的顏色並非完全對比，各自稍微偏離主色而產生獨特印象。色彩明度也決定了頁面印象。（出自《もっと地雷を踏む勇気》）

右上：照片裡含有綠色要素，因而使用接近對比的紅色做為文字顏色，反映出微微淡定的印象。（出自《RIKEN YAMAMOTO》）

左下：黑白照片搭配黃色文字的範例。其中文字背景部分做加深濃渡處理，更彰顯文字特色。（出自《スポーツも建築だ！》）

右下：拼貼畫裡存在各種顏色，但決定圖面印象的是紅色，因此在文字使用藍色底色。（出自《日本がアメリカに勝つ方法》）

總結

■活用素材時，文字應選用無彩色。
■為文字上色時，應謹慎考量其與素材之間的關係。

14 掌握多色彩使用技巧

使用兩種以上的顏色排版時，必需做好色彩配置管理。如何挑選才能達到印象深刻而完美的配色效果？

在同一頁使用多種色彩的版面

■ 在此之前介紹過照片、插圖以及主題文字等顏色使用範例，也比較了其中差異。接下來看到有更多色彩活躍的版面設計。當顏色種類增加的時候，需要掌控的要素變多，製造統一形象的難度也隨之提高。多色彩可以拓展版面豐富的印象，但無謂地增添色彩也會造成無法善後的情形，應先決定好概略的使用規則。

左上：該範例主要用到三個基本色，各是主題和作者名稱的紅色、副標題的藍色，以及英語部分的黃色。（出自《月3万円ビジネス100の実例》）

右上：包括底部和圖樣構成的雙重背景色以及文字區塊的底色，這裡也用到三種顏色，而且文字區塊在背景地圖顏色的襯托下感覺特別顯眼。（出自《いきたい場所で生きる》）

左下：背景使用歌舞伎舞台慣用的橘綠黑三色染布幕顏色，其中橘色和綠色的印象強烈，再加上白色底和文字的灰色，整個版面共以五種顏色構成。（出自《現在落語論》）

右下：利用漸層對應為黑白照增添兩種色彩，再以橘色線條彰顯插圖影像。文字不只做鏤空也把背景顏色濃度調降一半，感覺又多一種色彩。（出自《RePUBLIC 公共空間のリノベーション》）

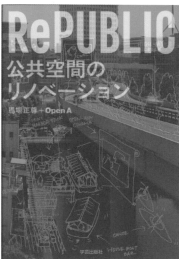

掌握關聯性

■ 就算已經知道同色系和對比色的搭配原理，實際編排設計的時候仍不免感嘆知識匱乏。其實色彩運用多取決製成品展示的場所和使用目標對象等背景因素，建議先掌握相關條理，避免盲目選色。遇到需要使用多重顏色的時候也要重視色彩之間的關係，這也屬掌握關聯性的範疇。

固定與變化的部分

■ 請先看到第 159 頁第二排三個圖的範例，這是屬同一系列漫畫創作《OSSU! TONCO-CHAN》。利用顏色展開同一系列作品的時候，要考量的是在色相、彩度和明度之中，有哪些要維持不變，又有哪些應歸屬變動要素。該範例是把彩度調高，利用異質色相（不同顏色）取得系列平衡。

■ 回到本頁，下面第一排範例是取自天天發刊的《每日 RT》，用七種顏色區分一週七天的封面，取得系列平衡，其手法跟前述第 159 頁的範例是一樣的。不同的是，該報刊為了達到客觀明快的印象訴求而把彩度稍微調低，同時提高明度。

■ 第二排是取自雜誌專欄連載〈因為是實驗〉。利用黃色做為主色貫穿每次內容，讓讀者認知此為連載，再搭配其他顏色做適度的篇幅變化。主色黃色用的是接近白色且濃渡較淡的顏色，因此配色選用濃度高的顏色以襯托彼此。在這種情況下即使彩度不同也沒關係。

一週七天用不種顏色展開的《每日 RT》

雜誌專欄連載〈因為是實驗〉，利用黃色做為主色貫穿每次內容，強化讀者對連載的認知，並搭其他顏色做適度的篇幅變化。

總結

■ 確立主軸，決定好準則並在其中注入變化。
■ 考量色彩配置的時候應先決定好用色規則。

後記

　《基本的基本——版面設計的基礎思維》在 2012 年出版的時候，市面上還沒有像「這樣的東西」。所謂「這樣的東西」，指的是把日常從事設計者的工作體驗搬到書中，撰述「版面設計基礎思維」的著作。設計師一般不會想到要把每天做的事化成文字，因為經驗足以讓他們做出最適判斷，再者什麼都要說明的話也會導致工作停擺。在編輯津田淳子小姐強烈請託，無論如何都要將之「公諸於世」的信念下，才有「這樣的東西」問世。

　在那之後 5 年，很慶幸有許多人參考使用本書。在增訂版的《前言》也提到，「版面設計的基礎」盡在「用心觀察」，意識每個細節。就算不是所有的人都需要有設計行為語言化之後的本書輔助，但「注意到什麼」與否的點非常重要。想要突破規範的束縛也要先知道這些規範所指為何，就像想要改變也得先了解「之前做出來的為什麼都是這樣」，才能對症下藥。

　在第一版的「後記」提到，設計的重點「常被視為理所當然而遭到遺忘，或是平常很難跟別人確認的重要觀念」，又說「它們是潛伏在想動手做些修飾或改變的行為裡」。今後設計排版的製作環境將持續變化，過於急躁恐會淪於一味求新，結果只能做出看起來跟他人沒什麼不同的東西。作者本身也藉此機會重返初心，從基礎思維出發，力求發展出符合本書內容所述的獨創性。

2017 年 3 月　佐藤直樹

Special Thanks

設計：中澤耕平、德永明子、岡部正裕、菊地昌隆、一尾成臣、菅澀宇、遠藤幸

照片：池田晶紀、小林知典、ただ（Tada）、川瀨一繪（以上屬ゆかい＜Yukai＞）、後藤武浩、弘田充

作者簡歷

佐藤直樹

1961 年生於日本東京。北海道教育大學畢業後，於信州大學進修教育社會學和語言社會學。美術學校菊畑茂久馬繪畫教場修業完畢。經歷從體力勞動到編輯等不同職業之後，於 1994 年《WIRED》日本版創刊之際擔任總監，1998 年成立 Asyl Design（現 Asyl），2003 年至 2010 年擔任標榜「合法入侵空宅」之複合藝術、設計與建築活動「Central East Tokyo（CET）」的製作人，2010 年參與藝術中心「ARTS 千代田 3331」成立計畫。獲頒舊金山近代美術館永久收藏品等日本國內外多個獎項。2012 年因啟動藝術專案「TRANS ARTS TOKYO（TAT）」而把重心移向繪畫創作，並參與「大館・北秋田藝術祭 2014」等活動。札幌國際藝術祭 2017 會員（負責設計專案）。3331 設計總監。美術學校「繪與美與畫與術」講師。多摩美術大學教授。

作者	佐藤直樹（Asyl）
譯者	陳芬芳
責任編輯	葉承享、張芝瑜
書封設計	郭家振
內頁排版	RabbitsDesign
發行人	何飛鵬
事業群總經理	李淑霞
副社長	林佳育
副主編	葉承享
出版	城邦文化事業股份有限公司 麥浩斯出版
E-mail	cs@myhomelife.com.tw
地址	104 台北市中山區民生東路二段 141 號 6 樓
電話	02-2500-7578
發行	英屬蓋曼群島商家庭傳媒股份有限公司城邦分公司
地址	104 台北市中山區民生東路二段 141 號 6 樓
讀者服務專線	0800-020-299（09:30 ～ 12:00;13:30 ～ 17:00）
讀者服務傳真	02-2517-0999
讀者服務信箱	Email：csc@cite.com.tw
劃撥帳號	1983-3516
劃撥戶名	英屬蓋曼群島商家庭傳媒股份有限公司城邦分公司
香港發行	城邦（香港）出版集團有限公司
地址	香港灣仔駱克道 193 號東超商業中心 1 樓
電話	852-2508-6231
傳真	852-2578-9337
馬新發行	城邦（馬新）出版集團 Cite（M）Sdn. Bhd.
地址	41, Jalan Radin Anum, Bandar Baru Sri Petaling, 57000 Kuala Lumpur, Malaysia.
電話	603-90578822
傳真	603-90576622
總經銷	聯合發行股份有限公司
電話	02-29178022
傳真	02-29156275
製版印刷	凱林彩印股份有限公司
定價	新台幣 420 元／港幣 140 元

2023 年 3 月改版 4 刷 · Printed In Taiwan

版權所有 · 翻印必究 （缺頁或破損請寄回更換）

ISBN：9789864084937

原文書名：增補改訂版 レイアウト、基本の「き」
原作者：佐藤直樹（Asyl）

Layout, The Most Basic of Basics, Expanded and Revised Edition
© 2017 Naoki Sato (Asyl)
© 2017 Graphic-sha Publishing Co., Ltd.

First published in Japan in 2012. This Expanded and Revised Edition was first designed and
published in Japan in 2017 by Graphic-sha Publishing Co., Ltd.
This Complex Chinese edition was published in 2019 by My House Publication , a division
of Cite Publishing Ltd.

Original edition creative staff
Design: Asyl
Editorial cooperation and writing: Keiko Kamijo
Planning and editing: Junko Tsuda (Graphic-sha Publishing)

國家圖書館出版品預行編目（CIP）資料

基本的基本：版面設計的基礎思維（增補修訂版）／
佐藤直樹（Asyl）作；陳芬芳譯 . -- 增訂一版 . -- 臺北
市：麥浩斯出版：家庭傳媒城邦分公司發行, 2019.05
　面；　公分
譯自：增補改訂版 レイアウト、基本の「き」
ISBN 978-986-408-493-7(平裝)

1. 排版 2. 版面設計
477.22　　　　　　　　　　　　　　　108006326

基本的基本
版面設計的基礎思維
（增補修訂版）